해상교통로

봉쇄의 유용성과 그 경제적 효과

해상교통로
봉쇄의 유용성과 그 경제적 효과

2022년 8월 25일 초판 인쇄
2022년 8월 30일 초판 발행

지은이 | 최영찬
펴낸이 | 이찬규
펴낸곳 | 북코리아
등록번호 | 제03-01240호
전화 | 02-704-7840
팩스 | 02-704-7848
이메일 | ibookorea@naver.com
홈페이지 | www.북코리아.kr
주소 | 13209 경기도 성남시 중원구 사기막골로 45번길 14
　　　 우림2차 A동 1007호
ISBN | 978-89-6324-890-5 (93390)

값 20,000원

생존과 번영의 窓, 한국의 바닷길은 안전한가?

해상교통로

봉쇄의 유용성과 그 경제적 효과

최영찬 지음

북코
리아

책을 펴내며

2020년 4월, 나의 은사님이신 김종하 교수님께서 해주신 말씀은 아직도 내 귀에 생생하다.

"해군이 한국의 해상교통로 봉쇄에 대해 연구를 하지 않는다면, 그 누가 한단 말입니까? 반도국가로서, 자원빈국으로서 우리의 생명선과 번영선은 한국의 해상교통로에 달려있지 않나요? 세계 경제와 소통하는 새로운 기회의 창인 해상교통로에 대한 보호 필요성을 제기해보세요. 그런 문제의식을 갖고 해상교통로 봉쇄에 대한 연구를 해 보시길 권합니다."

나는 교수님의 말씀에 한동안 고민하지 않을 수 없었다. 해군에서조차도 2003년 이후 해상봉쇄에 대해 연구가 미진하여, 이와 관련된 글을 쓴다는 것이 부담이 되었을 뿐만 아니라, 해상봉쇄에 대한 미천한 나의 지식적 한계 때문이기도 했다.

몇 날 며칠을 고민한 끝에 은사님의 권고를 따르기로 했다. 내심 해상교통로 보호에 대한 국가적 중요성과 필요성은 매우 크지만, 국가적 관심과 국민적인 공감대, 그리고 여러 가지 이유로 인한 해군의 노력이 결실을 맺기에 부족하고 답답하기도 했던 마음을 풀어보고자 하는 개인적인 욕심도 있었던 것이 사실이다.

국민의 한 사람으로써 꼭 하고 싶었던 말들을 이 책에 담기 위해 노력했다. 21세기 국제관계의 화두인 바다, 국가 간의 경쟁과 협력의 대상이 되고 있는 바다를 국가 발전의 터전으로 삼는 우리나라에 해상교통로 봉쇄에 대한 위험성은 상시 열려있으며, 그 영향은 한국의 심각한 안보위협이 될 것이다. 따라서 이제는 국가의 번영과 생존을 위해 해상교통로 보호를 위한 철저한 기획과 준비가 절실하다는 말을 하고 싶었다. 이 책이 비록 졸고에 불과하지만, 이에 대한 경종을 울릴 수만 있다면, 목표를 달성하는 것이라 확신했기 때문이다.

그러나 연구를 진행하면서 솔직히 내가 이 연구를 잘 해낼 수 있을까 하는 두려움마저 들었던 것이 사실이다. 본격적으로 연구를 시작하면서 그동안의 선행연구 성과들을 습득하는 과정에서 나는 놀라움과 실망감을 감출 수 없었다. 생존과 번영의 창인 한국의 해상교통로 보호 논리들에 대한 연구성과들이 매우 부족했기 때문이다. 사실상 이에 대한 연구는 2000년 이후 멈춰진 것처럼 보였고, 그 이전의 연구 성과물도 과거의 내용 반복이라는 데 놀라지 않을 수 없었다. 해상교통로 봉쇄 분야에 대한 연구가 미개척 분야라는 사실을 다시 한번 확인하기도 했고, 이에 대한 연구의 어려움도 있을 것으로 예상되었지만, 역설적이게도 이러한 사항들은 나에게 새로운 도전의식을 심어 준 것도 사실이다.

2021년 초 주제와 목차를 선정하는 데만 오랜 시간이 걸렸다. 선행연구가 매우 부족한 상황에서 이 시간은 고민의 연속이었다. 공신력 있는 데이터와 연구방법론을 수집하고, 어떻게 활용할 것인가가 제일 고민스러웠다. 이런 곡절을 겪으면서 인고와 도전의 시간을 보냈다. 그동안 쓴 글을 검토하고, 또다시 보면서 나의 미천한 학문적 지식에 한탄도 했고, 때로는 자괴감을 느끼기도 한 시간이지만, 지금 생각해보면 학문에 대한 경외감을 느끼는 소중한 시간이기도 했다. 그동안 끝이 보이지 않는 길고 어두운 터널을 지나는 것과 같은 초조함과 두려움에 맞서야 했지만, 해상교통로 연구에 집중했던 그 시간이 즐거웠다.

어느덧 2022년 졸고의 마지막 페이지에 마침표를 찍으면서 이 기나긴 싸움은 내게 너무나도 소중한 시간과 결실로 다가왔다. 지금 돌이켜보면, 나에게 훌륭한 은사님을 만나는 것보다 더 큰 행운은 없었다. 연구자이자 학자의 길로 들어서기까지 가장 든든한 나의 후원자이자, 때로는 시원한 그늘을 만들어주는 소나무와 같은 존재로, 때로는 목자의 역할을 마다하지 않으셨던 김종하 교수님을 나의 은사로 모시게 된 것은 내 생애 가장 큰 영광이었음에 틀림이 없다. 이 책을 내놓으면서 가장 먼저 달려가 그 감사함을 전한다.

아울러 열정적인 강의와 지도로 지식의 지평을 넓혀주신 마정미, 백강희, 최봉완 교수님께도 감사의 말씀을 드린다. 특히, 늘 영감과 모범을 보내주신 손경호 교수님께도 머리 숙여 감사를 드린다.

끝으로 이 책이 세상에 나오기까지 도움을 주신 북코리아 이찬규 대표님과 궂은 일을 마다하지 않으시고 본 서의 편집에 심혈을 기울여주신 김수진 님, 김지윤 님, 오유경 님을 비롯한 모든 분들께 고마움을 전하며, 이 책이 우리의 생존과 번영의 바닷길에서 펼쳐질 국가 간 경쟁과 협력의 소용돌이 속에서 한국 정부가 취해야 할 전략을 수립하는 데 조금이나마 도움이 되길 기대한다.

2022년 7월
황산벌 합동군사대학교 연구실에서
최영찬

CONTENTS

제1장

서론

제1절 연구의 배경 및 목적

1. 연구의 배경

　해상봉쇄(naval blockade)[1]는 적 함대를 무력화시키고 해양통제권을 확보하기 위한 전통적인 해군전략의 주요한 방책 가운데 하나다. 현대에 이르러서는 보다 광범위한 의미에서 해상에서의 통상과 교통을 차단하기 위한 국가정책의 수단으로 사용되고 있다.

　해상봉쇄는 해상교통의 봉쇄를 포함하는 개념으로, 이는 해양력의 역할을 논리적으로 증명한 마한(Alfred Thayer Mahan)과 해전의 이론을 체계화한 콜벳(Julian S. Corbett)의 주장을 통해서도 알 수 있다. 마한에게 있어서 해양전략 원칙의 핵심적인 개념은 제해권(command of the sea)이다. 그는 세계 해상교통로를 지배할 수 있는 우세한 해군력으로써 성취할

---

[1]　Alfred T. Mahan 저, 김득주 외 공역, 『해군전략론』(서울: 동원사, 1974), pp. 10~25; Julian S. Corbett, *Some Principles of Maritime Strategy* (London: Longmans, Green and Co., 1918), p. 48; 이민효, "해상무력분쟁에 적용되는 봉쇄법의 발전과 과제", 『해양연구논총』 29집(2001), p. 3.

수 있는 제해권을 각국이 나눠서 가질 수 없다고 생각했다. 콜벳도 제해권을 상업적이든지 군사적이든지 해상교통로를 통제하는 것으로 봄으로써 해양의 전략적 이점을 해상교통의 매체로 한정시키고 있다. 이민효 역시 해상봉쇄를 교전국들이 주로 해군력을 사용하여 적국이 점령한 지역에 위치한 항구 또는 해안에 대해 해상 교통을 차단하는 행위로 정의하고 있다.

역사적으로 다수의 분쟁사례에서 해상교통로의 봉쇄와 같은 해양의 자유로운 사용이 제한된 사례들을 어렵지 않게 찾아볼 수 있다. 19세기 초 영국이 프랑스에 내린 해상봉쇄령[2], 미국의 남북전쟁 시 아나콘다 작전[3] 및 제1·2차 세계대전 시 독일과 미국의 잠수함 작전[4], 6·25전쟁 시 연합국의 대(對)북한 봉쇄작전은 전쟁의 결과에 직접적인 영향을 미쳤다. 또한, 1958년 대만해협 위기 시 중국의 금문도 봉쇄, 1973년 중동전 시 이집트와 시리아의 대(對)이스라엘 해상봉쇄 작전, 1982년 포클랜드전 시 영국의 대(對)아르헨티나 해상봉쇄, 1990년 걸프전 시 유엔안보리 결의에 따른 미국과 다국적군에 의한 대(對)이라크 '해상차단작

---

2 19세기 초 나폴레옹 1세의 침략을 차단하기 위해 영국은 막강한 해군력을 동원해 프랑스 연안에 대한 해상봉쇄를 단행했다. 이로 인해 나폴레옹은 경제적으로 큰 손실을 입었으며, 이를 타파하기 위해 1805년 영국 해군과 일전을 벌였다. 프랑스함대는 트라팔가에서 영국함대에 참패한 후, 나폴레옹은 대륙교통로 봉쇄령을 단행했다. 영국은 프랑스의 봉쇄로 손실을 입었지만, 프랑스의 대륙교통로 봉쇄는 나폴레옹 자신을 속박한 이유가 되었다.

3 미국 남북전쟁(1861)은 북군이 남군에 대해 약 2,500마일의 방대한 해안에 약 400척의 함정으로 연안봉쇄를 시행하고 해상교통을 거부함으로써 상대방을 굴복시킨 첫 전례가 되었다. 박정규, "해상봉쇄에 관한 현대적 고찰", 『해양전략논총』 5집(2004), p. 55.

4 제1차 세계대전 시 독일의 잠수함에 의한 선박의 피해는 1,290만 톤에 달했고, 제2차 세계대전 시에는 2,060만 톤에 달했다. 미국의 대(對)일본 잠수함전에서는 7백만 톤이나 되었다. 독일과 미국의 잠수함을 활용한 해상교통로 봉쇄는 전쟁에서 승패를 좌우할 만큼 일본과 영국에 막대한 피해를 줬다. Karl Lautensehlaer, "The Submarine Naval Warfare 1901~2001," *International Security* (1986), p. 266.

전'(Maritime Interdiction Operation), 최근 대북제재의 일환으로 실시하고 있는 북한 선박에 대한 '선박통제구역 진입차단작전'(Maritime Control Area against NK Asset) 등은 해상봉쇄가 국가 간 분쟁에서 얼마나 유용한 수단인지를 인식시켜준 주요사례라고 할 수 있다.

한국은 평시 물동량 대부분을 해상을 통해 수출입하고, 분쟁 시에도 동맹국의 물자를 해상교통로를 통해 운송한다.[5] 특히, 한국의 해상교통로는 평시에 국가의 사활적 이익(vital interest)[6]을 보장하는 번영의 고속도로로서의 역할과, 분쟁 시 승리를 위한 군수보급 통로로서의 역할을 수행한다. 따라서, 해상교통로가 봉쇄될 경우, 평시에는 경제적 효과는 물론, 심리적 효과로 말미암아 국가의 위상과 번영마저 위협을 받는 위기상황으로 발전할 수 있다. 또한, 분쟁 시에는 한국의 분쟁 지속능력이 약화되고, 미국을 비롯한 동맹국들의 증원군이 차단되어 효과적으로 분쟁을 지도하고 수행할 수 없게 된다.

1997년 IMF 경제위기 시, 우리가 직면했던 물가와 환율의 상승은 해상교통로가 봉쇄됨으로써 미치는 영향에 비하면, 사실 미미한 수준에 불과했다. 1997년 IMF 당시, 구제금융액은 총 108조 750억 원(550억 달러, 당시 최고 환율 1,965원 고려)이었다.[7] 이는 당해연도 국가예산 71조 4천 600억 원의 약 1.5배에 해당하는 금액이었다. 아울러, 한국은 사회, 심리

---

5   1개 기갑부대 수송을 위해서는 3만 톤의 수송능력이 필요하고, 1개 보병부대가 필요로 하는 군수품을 공급하려면 최소한 수천 톤의 적재능력이 유지되어야 한다. 박정규, "한국의 해상교통로 보호에 관한 이론적 고찰", 『해양전략논총』 4집(2003), pp. 99~100.

6   사활적 이익은 무엇을 위해 죽음도 불사할 것인가의 문제로 귀결된다. 일반적으로 국가는 영토방위, 국내외 국민의 안전, 경제번영, 국가의 생활방식 보전이라는 네 가지 사활적 이익을 갖는다. 합동군사대학교 역, 『美 Joint Doctrine Note 1-18. 전략 Strategy』(논산: 합동군사대학교, 2019), p. Ⅱ-3.

7   신동렬, "IMF 외환위기 20년, 구조개혁은 계속돼야 한다", 『한국경제』(2017.11.27일자).

적 악영향들을 회복하는 데 많은 대가를 치러야 했다.

실제로 2019년 산업연관분석을 통해 도출한 해상교통로 봉쇄 피해액은 연간 약 1,724조 원으로, 1997년 IMF 구제금융액의 약 16배, 국가예산의 3.1배에 해당한다. 이는 우리의 해상교통로 봉쇄가 국가경제에 미칠 영향이 얼마나 큰지를 단적으로 보여주는 것이라 할 수 있다.

현재 한국의 국가위상과 국력의 신장은 경제력을 바탕으로 이루어졌고, 그 경제력의 원천은 해양을 통한 수출입이었다. 하지만, 과거에 우리가 향유하던 해양에서의 자유로운 항해를 지속적으로 누릴 수 있는 가능성은 점차 제한되고 있는 실정에 있다. 그 이유는, 한국이 의존하고 있는 해상교통로의 구조적인 취약점과, 이를 이용해 자국의 이익을 추구하려는 국가의 출현 가능성 때문이다. 또한, 해상교통로 상에 산재한 잠재적 분쟁 위협들과 최근 미·중 간 해양에서의 충돌 등도 우려를 낳기에 충분하다. 이를 좀 더 구체적으로 살펴보면 다음과 같다.

먼저, 한국의 해상교통로가 갖는 구조적인 취약점으로, 한국의 해상교통로는 대부분 국가의 주권이 미치지 않는 공해상에 길게 연결되어 있다. 구조적으로 한국은 최대 217,656km(12,092NM)에 달하는 긴 해상교통로[8]를 가지고 있으며, 이를 통해 수출입 물동량의 99.5%를 운송하고 있다. 따라서, 한국의 경제는 해상교통로가 지나는 연안국들의 해양정책, 분쟁 및 비전통적 위협 등에 매우 민감한 영향을 받을 수밖에 없다.

특히, 한국의 해상교통로가 지나는 해역에 위치한 국가들 사이에

---

8 한국의 해상교통로는 북방항로 중 브라질 리우데자네이루에 이르는 거리가 12,092NM로 가장 길며, 남방항로인 런던까지 11,549NM, 케이프타운까지 9,600NM에 달한다. 가장 짧은 항로는 한중항로로 상하이까지 510NM이다. 안보경영연구원, "해상교통로 보호를 위한 해군전력 발전방안 연구", 『해군미래혁신단 연구용역보고서』(2020), p. 225-33.

분쟁이 발생했을 경우, 한국이 해상교통로를 원활히 사용하기 위해서는 분쟁당사국의 허가를 필요로 할 수도 있다. 분쟁이 격화될 경우, 우리의 해상교통로는 봉쇄될 가능성도 있다. 이는 한국의 해상교통로가 타국에 의해 민감하게 영향을 받으며, 이에 따라 한국의 경제가 부정적인 영향을 받을 수 있다는 것을 의미한다. 해상교통로에 대한 의존도가 매우 높은 한국에 있어서 해상교통로 봉쇄가 국가의 사활적 이익과 직결되는 매우 중요한 사안임을 대변해주고 있는 것이다.

해상봉쇄는 한국전쟁, 포클랜드 전쟁, 쿠바 미사일 위기, 이스라엘과 이집트 간 6일 전쟁에서도 분쟁의 주 수단으로 사용되었다. 봉쇄국은 피봉쇄국의 해상교통로를 봉쇄하기도 했으며, 피봉쇄국가의 연안에서부터 대양에 이르기까지 광범위한 구역을 봉쇄하기도 했다. 따라서, 그 봉쇄 수역을 예측하는 것은 제한되고 대비도 어렵다. 이는 한국과 같이 긴 해상교통로를 갖는 국가들에게 매우 불리한 지정학적 환경을 제공한다.

또한, 해상교통로는 지브롤터 해협, 호르무즈 해협, 말라카 해협, 파나마 운하, 수에즈 운하 등과 같이 반드시 통과해야만 하는 핵심지역과 선박통항이 집중되는 종점지역으로 구성되어 있으며, 핵심지역과 종점지역이 가장 취약하다는 특징이 있다. 아울러, 해상교통로는 넓게 확장되어 있어 보호가 어렵기 때문에 해상교통로를 원활히 사용하기 위해서는 해상교통로가 지나는 주변국들과 상시 협력을 수행할 필요가 있다. 따라서, 우리의 해상교통로가 갖는 구조적 취약점을 극복하기 위해서는 국가적 차원과 육·해·공군 합동성 차원의 복잡한 계획 입안을 필요로 한다.

둘째, 실제 국가 간의 분쟁에서는 주로 일정 해역과 그 상공에 선박이나 비행기의 통항 및 비행을 제한하기 위한 방법을 사용한다. 역사적으로 분쟁당사국들은 통상 전쟁수역(War Zone)으로 명명된 구역을 설정하여 항행 금지 또는 사전허가제 등의 조치를 취했다. 전쟁수역 유형[9]은 '배제수역'(Exclusion Zone), '작전수역'(Operational Zone), '방어수역'(Defense Zone), '중립수역'(Neutral Zone), '군사무기 실험수역'(Weapon Test Zone) 등 다양한 명칭으로 운영되고 있다.

그러나, 전쟁수역은 국제적인 규범의 통제 없이 관행적으로, 또는 분쟁을 수행하는 당사국의 필요와 힘의 논리에 따라 임의로 설정해서 운영되고 있다. 이는 한국의 해상교통로를 직접적으로 위협하는 요인이 될 가능성이 높다. 그 이유는 우리의 해상교통로 상에는 아직까지 해결되지 않은 해양분쟁들이 산재하고 있기 때문이다.[10] 남방항로 상에는 대만해협, 조어도, 난사군도, 시사군도 영유권 분쟁, 북방항로 상에는 북방 4개 도서 영유권 분쟁, 한일항로 상에는 일본의 독도 영유권 주장, 한중항로 상에는 중국의 이어도 영유권 주장 등이 각각 영향을 미칠 것이다.

이 밖에도 배타적 경제수역 획정, 대륙붕 경계 획정 등도 존재한다. 해양 영유권 분쟁이 격화되면 될수록, 주변국들은 일정 해역과 그 상공

---

9 전쟁수역 유형에 대해서는 김현수, "군사수역에 관한 연구", 『해양전략논총』 4집(2004), pp. 55~59를 참고할 것; 제1차 세계대전 이후 주요 해전에서 전쟁수역 설정 예시들에 대해서는 이민효, "제1차 세계대전 이후 주요 해전에서 전쟁수역의 설정과 운용에 관한 연구", 『군사』 72호(2009.8), pp. 231~270을 참고할 것.

10 ICOW(Issue Correlates of War) 프로젝트에 의하면, 1918년부터 2007년까지 발생한 영유권 분쟁 총 413건 중 해결되지 않은 분쟁은 290건(70.2%)으로, 이 중 해양분쟁이 차지하는 비중은 36%(104건)에 달한다. 이는 세계적으로 발생한 분쟁들 중 아직까지 해결되지 않은 분쟁 대부분이 해양분쟁인 것을 말해준다. 미해결된 세계 분쟁사례에 대해서는 ICOW 프로젝트를 참고할 것. ICOW 프로젝트는 1997년 북텍사스대와 아이오와대의 헨젤(Paul R. Hensel)과 미첼(Sara McLaughlin Mitchell) 교수에 의해 주도되었으며, 1918년부터 2007년까지 세계 영유권 분쟁을 413개로 수집하여 영토분쟁(territorial claims), 해양분쟁(maritime claims), 하천분쟁(river claims)으로 구분하여 제공하고 있다. www.paulhensel.org 참조.

에 선박이나 비행기의 통항 및 비행을 제한하는 조치를 취할 가능성이 높다. 따라서, 한국의 해상교통로는 타 국가의 해상봉쇄에 대비해 국가 전략 차원의 진지한 검토와 정책적 고려가 필요한 대상이 되고 있는 것이다.

끝으로, 한국의 해상교통로는 지정학적으로 미국의 인도 · 태평양 전략과 중국의 일대일로 정책이 상충하는 지점에 위치해 있다. 미국의 인도 · 태평양 전략과 중국의 일대일로 정책은 한마디로 해상교통로 확보를 전제로 한 패권경쟁이라 할 수 있다. 이 때문에 우리의 해상교통로는 미국과 중국이 해양패권을 다투는 경쟁의 장소이자, 한국의 사활적 이익을 놓고 선택을 강요하는, 소위 '외교적 시험대'라는 중요한 역할을 하는 곳인 것이다.[11]

세계패권 구도하에 있는 한국의 해상교통로는 우리의 의지와 무관하게 영향을 받을 수 있는 불가항력적인 조건과, 모든 국가들에게 자유통항이 보장되는 공해상에 위치한다는 항력적인 조건이 동시에 존재하는 구역에 위치하고 있다. 이 때문에 우리는 해상교통로의 안전한 사용을 위해 유리한 국제적인 환경을 조성할 수 있는 능력과 자유로운 통항을 보장할 수 있는 군사적 능력 확충 등 총체적인 국가적 역량을 배양해야 하는 것이다.

실제로 역내 국가들은 지속적인 군사력 증강을 통해 우리의 해상교통로를 봉쇄할 수 있는 능력을 갖추고 있다. 중국은 자국의 핵심이익이 해양에 있다고 보고, 해양굴기(海洋崛起), 일대일로(一帶一路) 정책 기

---

11 구민교, "미 · 중간의 신 해양패권 경쟁: 해상교통로를 둘러싼 점 · 선 · 면 경쟁을 중심으로", 『국제지역연구』 25권 3호(2016, 가을), pp. 37~65에서는 최근 미 · 중 간 패권 전략과 정책들을 해상교통로 확보 경쟁이라는 측면에서 분석하고 있다.

조하에 2040년경 6척의 항공모함을 포함하여 300여 척의 주요 전투함 보유를 목표로 해군력 증강에 박차를 가하고 있다. 또한, 센카쿠열도(중국명 댜오위다오), 남중국해, 이어도 등, 우리의 해상교통로가 지나는 해역에서 공세적인 해양활동을 전개해오고 있다.

일본 역시, 최근 과거 해상교통로 1,000해리 방어론에서 탈피하여, 2,000해리 방어론으로 해양전략 범위를 확대하고 있다. 일본은 이미 2021년 기준 주요 전투함 척수 면에서 한국 대비 약 2배가량의 전력을 유지하고 있고, 확대된 해양전략 범위를 보호하기 위해 항공모함 개조와 함재기 도입 등 공세적인 대비도 적극적으로 추진하고 있다.

태평양 전쟁 시 미국은 40여 년간 일본의 결정적인 취약점인 해상교통로를 공략하기 위해 '오렌지 계획'이라는 전쟁계획을 입안하여 승리한 사례가 있는데,[12] 이는 국가경제의 대부분을 해양에 의존하고 있는 우리에게 교훈을 제공해주고 있다.

북한도 우리의 해상교통로를 봉쇄하기 위해 충분한 전력을 보유하고 있으며, 개전 초 한국의 주요 양륙항만 및 해상교통로를 차단하기 위해 잠수함 전력 등을 적극적으로 운용할 것으로 예상된다. 북한을 비롯한 한반도를 둘러싼 주변국들의 해상교통로 봉쇄 위협들은 미래에 발생 가능성이 있는 분쟁에서 한국의 분쟁 수행능력을 저해하는 주요 요인이

---

12 오렌지계획은 미국의 대(對)일본 전쟁구상으로 세 가지 기본요소를 바탕으로 계획되었다. 미국의 태평양전략은 무엇보다 미국 본토 및 하와이에서 서태평양까지의 거리(distance)와 우세한 해·공군력이라는 힘(power)의 방정식이었다. 여기에 추가되는 한 가지 요소는 섬나라 일본의 고립적인 특성인 지리(geography), 즉 해상교역에 의존한다는 전략적 취약점이었다. 오렌지계획에서는 거리, 힘 및 지리라는 세 가지 요소를 바탕으로 작전개념을 상정하고 있다. Edward S. Miller 저, 김현승 역, 『오렌지 전쟁계획: 태평양 전쟁을 승리로 이끈 미국의 전략, 1987-1945』(서울: 연경문화사, 2015), p. 23.

될 것으로 판단된다.[13]

비단 이런 이유가 아니더라도 최근 우리의 해상교통로를 둘러싼 해양 안보환경이 비우호적으로 변화되고 있고, 능력과 의지 면에서 주변 강대국들, 특히 중국에 의한 해상교통로 봉쇄 가능성이 날로 증가하고 있는 실정에 있다. 주변국에 의한 해상봉쇄 가능성은 국제정치학자들과 관련 기관들에 의해서도 제기되고 있다. 대표적으로 피터 자이한(Peter Zeihan)은 "동북아 주요 4개국(한국, 일본, 중국, 대만)은 해상교통로를 통한 에너지 수입 의존도가 특히 높으며, 이들의 가장 확실한 생존전략은 페르시아만까지 에너지 해상 수입을 직접 호송하거나, 아니면 빼앗는 방법밖에 없다"[14]고 경고했다. 안보경영연구원 등 관련 기관에서도 "한국의 해상교통로가 15일 차단 시 제철사업, 제조업 및 건설업이 마비되며, 식생활과 대중교통 수단이 제한을 받는 등 사회적 혼란이 야기될 것이며, 100일 차단 시 국가경제가 붕괴될 것"[15]으로 예상하고 있다.

한국의 해상교통로에 대한 봉쇄 가능성과 그 효과가 한국에게 매우 사활적일 것으로 예상되고, 국제정치학자들과 연구기관의 경고에도 불구하고, 그간 해상교통로 봉쇄에 대한 대비의 중요성은 다양한 이유로 인해 적극적으로 개진되거나 정책적으로 이슈화하지 못했다. 이에 따라 해상교통로 보호를 위한 종합적인 조치들이 국가정책에도 적극적으로 반영되지 못하고 있다. 특히, 그 국가정책 구현의 기반이라고 할

---

13 일본에서는 태평양 전쟁 시 미국이 일본의 결정적인 취약점인 해상교통로를 집중적으로 공략함으로써 전략적으로 승리했고, 이를 옥쇄전으로 평가했다. 滕原彰 저, 엄수현 역, 『일본군사사』(서울: 시사일본어사, 1994), pp. 266~270.

14 피터 자이한 저, 홍지수 역, 『셰일혁명과 미국 없는 세계』(서울: 김앤김북스, 2019), p. 285.

15 안보경영연구원, "해상교통로 보호를 위한 해군전력 발전방안 연구", p. 225-25; 해군본부, "경항공모함의 작전 · 전략적 유용성", 『충남대학교 경항공모함 세미나 자료』(2021.2.4).

수 있는 해상교통로 보호에 관한 연구에서조차 국제법적인 해석 등 법리적인 문제에 집중하거나, 군사작전에 사용된 몇몇 사례연구에 머무르고 있는 실정에 있다.

따라서, 분쟁 시 각국이 취하는 군사행동 중 해상봉쇄가 얼마만한 유용성을 갖는지, 해상교통로가 봉쇄되었을 때 효과는 어느 정도인지 등에 대한 실증적인 논리의 개발과 이를 통한 공감대 형성이 절실히 필요한 상황에 있다. 특히, 우리의 해상교통로 봉쇄 위협에 대한 양적 논의는 해상봉쇄에 대한 연구의 확장과 촉진뿐만 아니라, 국민적인 공감대를 형성하는 데도 필요하고, 또 이를 통해 궁극적으로 해상교통보 보호를 위한 적극적인 국가정책을 발전시키는 데 필요한 것이다.

2. 연구 목적

본 연구의 목적은 국가 간의 분쟁에서 각 국가들이 시행한 군사행동의 유형[16] 중 해상봉쇄가 다른 군사행동에 비해 왜 상대적으로 유용한

---

16 각 국가의 군사행동 유형은 1963년 미국 미시간 대학교 싱어(J. David Singer) 교수에 의해 시작된 The Correlates of War(COW) 프로젝트에서 제공하는 1816년부터 2010년까지 국가 간에 발생한 군사적 분쟁(Militarized Interstate Disputes, MID)에 기초한다. 군사행동은 크게 군사적 위협(threat of force), 군사력 현시(display of force), 군사력 사용(use of force), 전쟁(war)으로 나뉘며, 군사력 사용 위협에는 군사력 사용 위협(threat to use force), 봉쇄 위협(threat to blockade), 영토점령 위협(threat to occupy territory) 등으로 세분화하고, 군사력 현시에서는 군사력 과시(Show of force), 경계태세 변경(alert), 군사력 동원(mobilization), 국경 강화(fortify border), 국경에서 폭력적 행위(border violation)로 구분한다. 또한, 군사력 사용은 해상봉쇄(naval blockade), 영토점령(occupation of territory), 인질이나 재산의 압류(seizure), 공격(attack), 충돌(clash), 전쟁(war) 등으로 세분화했다. https://correlatesofwar.

군사행동인지, 우리의 해상교통로가 봉쇄되었을 때, 국민경제에 미치는 효과가 어느 정도인지를 정량적인 방법으로 설명하는 데 있다.

연구목적을 달성하기 위한 연구문제는 다음과 같다.

먼저 해상봉쇄의 유용성 부분이다. 첫째, 국가 간 분쟁에서 각 국가들이 시행한 군사행동들 중, 해상봉쇄 목표달성비(比)는 얼마이며, 다른 군사행동에 비해 상대적인 순위는 어떠한가? 둘째, 국가 간 분쟁에서 각 국가들이 시행한 군사행동들 중, 해상봉쇄 인명손실(명)은 몇 명이 손실되었으며, 다른 군사행동에 비해 상대적인 순위는 어떠한가? 셋째, 국가 간 분쟁에서 각 국가들이 시행한 군사행동들 중, 해상봉쇄 분쟁 소요기간(일)은 며칠이며, 다른 군사행동에 비해 상대적인 순위는 어떠한가?

다음으로 해상봉쇄의 효과 부분이다. 첫째, 한국의 해상교통로를 통한 수출 봉쇄 시, 한국경제에 미치는 효과 — 생산유발손실액[17], 부가가치 유발손실액[18], 고용유발손실인원[19] — 는 어느 정도인가? 생산유발손실액과 부가가치 유발손실액은 직접효과와 간접효과를 구분하여 산출했다. 직접효과는 수출품을 각 국가에 판매하여 얻을 수 있는 수출액을 말하며, 파급효과는 이러한 수출품을 생산하기 위해 국내 경제에 얼

---

org/data-sets/MIDs 참조.

17 예를 들어 생산유발손실액은 자동차 한 대를 수출하기 위해 엔진, 타이어 등과 같은 수많은 중간재가 생산되어야 하고, 이들 중간재 생산을 위해 철강제품, 고무 등의 원재료 생산이 필요하며, 이러한 과정은 산업 간 수급의 균형이 이루어질 때까지 무한히 계속되는데, 이를 '생산유발효과'라 하고, 이러한 각각의 과정에서 생산을 얼마나 유발했는지를 금액으로 계산한 것을 '생산유발액'이라고 한다. 수출로 인해 유발되는 금액은 수출이 차단되었을 때의 손실액의 발생과 같다.

18 부가가치 유발손실액은 각각의 생산활동에 의해 직간접적으로 창출된 부가가치액으로, 자동차 한 대를 수출하기 위해 각 산업에서 창출한 부가가치 총액을 말한다. 예를 들어 빵 한 개를 1,000원에 사서 1,500원에 팔 경우, 500원의 부가가치를 창출했다고 본다.

19 고용유발손실인원은 각각의 생산활동에 의해 직간접적으로 창출된 고용인원을 말한다.

마만한 경제적 파급효과를 줬는지를 금액으로 계산한 효과를 말한다. 둘째, 한국의 해상교통로 봉쇄로 인한 생산유발손실액과 부가가치유발손실액은 한국의 주요 경제지표 — 국가 총생산, 국방예산 — 와 비교하여 어느 정도인가? 또한, 고용유발손실인원은 1997년 IMF 당시 실업자 수준과 2020년 코로나19 여파로 인한 실업자 수준과 비교하여 어느 정도인가?

이러한 연구문제를 해결하려는 이 책은 해양국가에서조차 해상봉쇄의 유용성과 효과에 대한 연구사례가 매우 부족한 상황에서 기존 연구의 확장에 기여할 수 있을 것으로 판단한다. 또한, 기존의 정성적 연구 위주의 경향을 보완하는 것으로, 해상봉쇄의 유용성과 효과를 보다 객관적이며 균형적인 시각으로 바라볼 수 있게 해줄 것이다.

제2절 연구 범위 및 구성

1. 연구 범위

　해상봉쇄의 유용성 분석기간은 1816년부터 2010년까지이며, 분석 대상은 국가 간 분쟁 시 각 국가들이 시행한 군사행동 4,958건[20]이다. 분석척도는 연도별, 국가 양자이다. 본 연구는 The Correlates of War (COW) 프로젝트에서 제공하는 국가 간 군사적 분쟁(Militarized Interstate Disputes, MID) ver 4.3의 MID B 데이터[21]를 사용한다. 이 데이터에 명시된 각 군사행동에 대한 설명은 앨라배마 대학교 기블러(Douglas M. Gibler) 교수의 『국제분쟁, 1816~2010, 국가 간 군사적 분쟁 해설』(International

---

20　COW 프로젝트에서 제공하는 MID B 데이터셋에 명시된 총 군사행동은 5,558건이며, 결측치 600개(10.8%)를 제외했다.

21　COW 프로젝트에서는 MID를 두 가지 형태로 제공한다. MID A는 국가 간 분쟁 하나당 한 개의 기록을 제공하며, MID B는 국가 간 분쟁 참가자당 하나의 기록을 제공한다. 즉, MID A는 분쟁 수준, MID B는 참가자 수준(국가 수준)의 기록을 제공한다. https://correlatesofwar.org/data-sets/MIDs.

Conflicts, 1816~2010, Militarized Interstate Dispute Narratives, 2018)을 참고했다.[22]

해상봉쇄 효과 분석기간은 2019년을 기준으로 했다. 분석대상은 해상봉쇄로 수출이 제한되는 경우, 예상되는 생산유발손실액, 부가가치 유발손실액 및 고용유발손실인원이다. 생산유발손실액과 부가가치손실액은 직접효과(수출품을 국외에 판매한 금액)와 파급효과(국내 산업의 유발효과)를 구분하여 산출했다. 각 유발손실액과 손실인원을 판단하기 위해 필요한 유발손실계수들은 2019년 한국은행 산업연관표[23]를 활용하여 산출했다.

이 책은 해상교통로가 봉쇄되어 한국의 수출물동량이 완전히 차단되는 경우(1안)와 55% 차단되는 경우(2안, 전시 국가기능 발휘를 위해 확보해야 하는 최소한의 물동량 수준), 67% 차단되는 경우(3안, 전시 예상 물동량 수준)[24] 세 가지를 가정했다.

---

22 Douglas M. Gibler, *International Conflicts, 1816~2010, Militarized Interstate Dispute Narratives*, Vol. Ⅰ, Ⅱ (London: Rowman & Littlefield, 2018).

23 산업연관표는 한 국가의 각 산업 간 거래를 일정 기간, 보통 1년 동안 원칙에 따라 기록한 행렬형식의 통계표이다. 한국은행, 『2015년 산업연관표』(서울: 한국은행, 2019), p. 3.; 산업연관표는 한국은행에서 5년이 되는 해에 실측표를 작성하고, 실측표 발표기간 사이에는 매년 연장표를 추가 발표하고 있으므로, 본 연구에 사용된 표는 최근 자료인 2019년 연장표이다.

24 일본의 요시다(Hanabu Yoshida) 제독은 "자원, 해상수송 및 해상교통로 보호"라는 논문에서 전시 수출입을 평시 물동량의 32~33%로 판단했으며, 강영오 제독의 『해양전략론 이론과 적용』(1998)과 한국 해양수산개발원(KMI)의 "전시 소요물동량 추정"(2004)에서도 이를 근거로 전시 수출입 물동량을 추정했다. 한편, 유석형은 『전·평시 국가 해상물동량 예측에 따른 해상교통로 안보와 해군력 발전』(2009)이라는 해군교육사령부 연구용역보고서를 통해 전시 해상물동량 33%는 요시다 제독이 일본의 경제구조와 과거 전시 경험을 바탕으로 가정한 수치임을 밝히고, 이와 더불어 우리나라 수출을 통해 외화를 획득하고 외화가 있어야 필요한 원자재를 수입할 수 있으며, 아무리 전시라고 하더라도 수출이 45% 정도는 이루어져야 전략물자 등을 수입할 수 있다고 언급했다. 강영오, 『해양전략론 이론과 적용』(서울: 해양전략연구소, 1998), p. 232; 유석형, 『전평시 국가 해상물동량 예측에 따른 해상교통로 안보와 해군력 발전』(서울: 한국종합물류연구원, 2009), pp. 53~55.

수출물동량이 완전히 차단되는 경우는 다소 현실성이 결여된 가정일 수 있다. 왜냐하면, 대체 또는 우회항로를 통해 해상교통을 부분적으로 개항할 수 있으며, 해상봉쇄를 시행하는 국가의 입장에서도 한반도를 둘러싼 모든 해양을 봉쇄한다는 것은 가용성과 실현 가능성 측면에 매우 비효율적인 방법이기 때문이다. 하지만, 완전히 봉쇄되는 경우를 가정하더라도 해상봉쇄의 유용성과 효과를 논의하고자 하는 연구의 본래 목적을 달성할 수 있다고 판단했다.

또한, 국내 · 외적인 상황, 정치 및 군사적 필요성에 따라 각 국가가 시행할 수 있는 해상봉쇄의 범위, 기간 등의 변화 가능성과 예측 불가성, 그리고 부분적이며 일시적인 해상봉쇄로 인한 경제적 효과를 측정할 수 있는 방법론적 한계를 보완하기 위해 두 가지 가정에 대한 양적 분석을 추가함으로써 분석결과에 대한 설명력을 제고하고자 했다.

본 연구에서 논의하는 해상봉쇄는 평시에 국가를 제재하는 수단으로 활용되는 봉쇄가 아니며, 분쟁 시 사용되는 봉쇄에 한정한다.[25] 또한,

---

25 해상봉쇄는 분쟁 시 사용하는 봉쇄와 평시에 국가를 제재하는 수단으로 활용되는 봉쇄로 구분할 수 있다. 국가를 제재하는 수단으로 활용되는 봉쇄는 국제법을 위반한 국가에 대한 제재국 또는 국제적 조직에 의해 시행하는 해악적 조치 중 하나로, 대상국가에 주로 경제적인 불이익을 발생케 함으로써 제재국의 의지를 상대국에 관철시키는 데 사용되는 것이다. 본격적으로 해상봉쇄가 제재의 한 부분으로 논의되기 시작한 것은 모건(Morgan), 바팻(Bapat), 크루세보(Krustev) 등과 같은 제재를 연구하는 학자들에 의해서이다. 학자들 사이에서 널리 인용되고 있는 데이터는 TIES(Threat and Imposition of Economic Sanction)로 1945년부터 2005년까지 전 세계적으로 1,412회의 경제제재가 있었고, 이 중에서 평시에도 43회의 봉쇄제재가 위협 또는 시행되었다. T. Clifton Morgan & Navin Bapat A. & Yoshiharu Kobayashi, "Threat and Imposition of Economic Sanctions 1971-2000," *Conflict Management and Peace Science*, Vol. 26, No. 1 (2009), pp. 92~110; T. Clifton Morgan & Navin Bapat A. & Yoshiharu Kobayashi, "Threat and Imposition of Economic Sanctions 1945-2005: Updating the TIES Dataset," *Conflict Management and Peace Science*, Vol. 31, No. 5 (2014), pp. 541~558.

봉쇄라고 하면 봉쇄의 수단, 지역적 범위 등을 고려하여 지상봉쇄, 해상봉쇄, 공중봉쇄 등 형태로 다양하게 사용되고 있고, 또 병행되어 수행되기도 하지만, 일반적으로 봉쇄는 해군력을 사용한 해상봉쇄를 지칭한다.

국가 간 군사적 분쟁(MID) ver 4.3의 MID B 데이터에서 제공하는 봉쇄사례에는 일부 지상봉쇄가 포함되어 있는데, 해상봉쇄의 유용성을 검정하는 과정에서는 이를 포함해 산출했다. 그 이유는 대부분의 선행연구에서 봉쇄를 해상봉쇄로 정의하고 있고, 봉쇄의 기원이 해양력의 발전과 더불어 나타난 군사행동이기 때문이다. 또한, 역사적으로 시행된 대부분의 봉쇄가 해상봉쇄였고, 무엇보다도 본 연구의 분석수준이 작전·전술적 수준에서 해상봉쇄의 유용성을 논의하는 것이라기보다는 국가 차원의 목적달성을 위한 군사적 수단으로서 해상봉쇄가 얼마나 유용한지를 논의하는 것이기 때문이다.

2. 책의 구성

이 책은 7개의 장으로 구성했다. 제2장에서는 본 연구의 이론적 배경이 되는 해상봉쇄와 산업연관분석의 개념을 고찰했다. 또한, 해상봉쇄의 유용성과 효과에 대한 선행연구 검토를 통해 본 연구가 기존의 연구와 어떤 유사성 및 차별성을 갖고 있는지를 분석했다.

제3장에서는 해상봉쇄의 유용성 판단기준을 검토하고, 각 변수들에 대한 정의, 해상봉쇄의 유용성 검증방법 및 절차 등 해상봉쇄 유용성 검증에 필요한 방법론과 측정 절차에 관해 논의했다. 또한, 해상봉쇄 효

과 측정요소 선정, 측정방법, 해상봉쇄 효과 측정에 필요한 방법론과 측정절차에 관해 논의했다.

제4장에서는 동북아 주요국가의 해양정책과 해상봉쇄 위협에 대해 분석했다. 그 대상은 한국과 해양 영유권 문제로 경쟁하고 있는 중국과 일본으로 한정했다. 분석은 능력과 의도 면에서 중국과 일본이 한국의 해상교통로를 봉쇄할 가능성에 대해 논의했다.

제5장에서는 해상봉쇄의 유용성과 효과 분석결과를 논의했다. 분쟁 시 다른 군사행동에 비해 해상봉쇄의 상대적인 목표달성비(比), 인명손실(명), 분쟁 소요기간(일)을 분석하여 해상봉쇄의 유용성을 판단했다. 해상봉쇄의 경제적 효과는 관세청과 무역협회 수출실적과 한국은행 산업연관표의 산업연관계수 — 생산유발계수, 부가가치유발계수, 고용유발계수 — 를 활용하여, 해상교통로를 통한 수출 차단 시 경제적 손실액(백만 원 단위)과 고용손실인원(명 단위)을 측정했다.

제6장에서는 해상봉쇄에 대비한 정책적 대응방향을 제시했다. 이 장에서는 비용 대(對) 효과 분석 기법을 활용하여 한국의 해상교통로 보호를 위한 필수전력인 기동함대의 가치를 증명하고, 그 필요성을 더욱 강조했다. 이때 비용은 기동함대 건설 및 소요비용을, 효과는 산업연관분석을 통해 산출한 해상봉쇄 효과를 적용했다. 또한, 기동함대 전력의 효율성 제고를 위한 비대칭적 능력 향상, 국가의 해상교통로 보호전략 설정과 다자간 해상교통로 보호개념 발전 등을 제시했다.

끝으로 제7장에서는 연구결과 요약, 의의, 정책적 제언 및 연구의 한계에 대해 논의하고 후속 연구의 필요성을 제시했다.

제2장

이론적 배경

제1절 해상봉쇄에 관한 이론적 고찰

1. 해상봉쇄의 정의 및 형태

'봉쇄'(blockade)의 사전적 의미는 '사람이나 물건이 드나들지 못하도록 막는 것, 무력으로 상대국의 해상교통과 대외적인 경제교류를 막는 일'로 정의된다. 냉전기간 중 미국의 대(對)소련 전략을 가리키는 '봉쇄'(containment)와는 다른 의미로서 일반적으로 '해상봉쇄'(naval blockade)와 같은 의미로 쓰이고 있다.[1] 해상봉쇄의 역사는 2,300여 년이 넘으며,[2] 해상봉쇄는 오늘날에 이르기까지 적 함대를 무력화시켜 해양통제권을 확보하고, 통상과 교통을 차단하여 국가정책을 지원하는 주요수단으로 사용되고 있다.

---

1 해군전력분석시험평가단, 『해양전략용어 해설집』(계룡: 해군전력분석시험평가단, 2017), p. 128.

2 최초의 해상봉쇄는 기원전 260년, 지중해 패권을 둘러싼 로마와 카르타고의 1차 포에니 전쟁에서 로마함대가 카르타고군을 고립시키기 위해 시칠리아섬에 대한 해상봉쇄를 실시한 것이 기원이 되었다. James L. George 저, 허홍범 역, 『군함의 역사』(서울: 한국해양전략연구소, 2004), pp. 79~82.

또한, 지정학적으로 해양과 인접하고 전쟁의 경험이 있는 국가라면 대부분 봉쇄자 또는 피봉쇄자의 위치를 경험했을 정도로 광범위하게 시행되고 있는 주요 방책이다. 제1 · 2차 세계대전, 한국전쟁, 쿠바 미사일 위기, 제3 · 4차 중동전쟁, 제3차 인도 · 파키스탄 전쟁, 포클랜드 전쟁, 미국의 이라크 전쟁 등에서 시행된 해상봉쇄 사례들은 이를 대변한다.

'적대국에 대한 경제적 압력의 행사를 위한 전쟁행위'로 정의되는 해상봉쇄는 '적대국은 물론 중립국가 등 모든 국가의 선박 및 항공기가 적 국가에 속하거나 점유 또는 관할하는 특정 항구, 비행장 또는 해안지역에 진입하거나(entering) 나가는(exiting) 것을 방지하기 위한 호전적인 작전'[3]을 말한다.

해상봉쇄의 형태는 대표적으로 각 학자들에 의한 분류와 해군에 의한 분류로 구분할 수 있다. 먼저, 각 학자들은 봉쇄 시기, 위치, 방법, 목적 및 거리 등에 따라 호전적 봉쇄(belligerent blockade), 평시봉쇄(pacific blockade), 제한적 봉쇄(limited blockade), 내부봉쇄(inward blockade), 외부봉쇄(outward blockade), 정박봉쇄(anchored blockade), 순항봉쇄(watched blockade), 해군봉쇄 또는 함대봉쇄(fleet blockade)라고도 하는 전략적 봉쇄(strategic blockade), 통상봉쇄(commercial blockade), 장거리봉쇄(long distance blockade) 또는 개방봉쇄(open blockade), 느슨한 봉쇄(semidistant or loose blockades) 등 다양한 형태로 구분한다.[4]

---

3   Phillip Jeffrey Drew, *An Analysis of the Legality of Maritime Blockade in the Context of Twenty-First Century Humanitarian Law* (Ontario: Queen's University, 2012), p. 7; US Department of Defense, *Law of War Manual* (Washington D.C: 2015), p. 886.

4   Milan Vego, *Maritime Strategy and Sea Control: Theory and Practice, Cass Naval Policy and History 55* (London: Routledge, 2016); Geoffrey Till, *Maritime Strategy and The Nuclear Age* (London: Macmillan Press, 1984), p. 194; Bernard Brodie 저, 해군본부 역, 『해군전

호전적 봉쇄는 전쟁의 한 수단으로 행해지는 전쟁행위이며, 평시봉쇄는 평시에 행해지는 것이다. 제한적 봉쇄는 평시봉쇄와 비슷하나 장기적이고 전반적이며, 전쟁에는 미치지 못하는 제한된 방법으로 실시되는 봉쇄를 말한다.

내부봉쇄는 선박 출입항을 방지하고 물자 공·수급 제한을 목적으로 하며, 외부봉쇄는 항구에 출입항을 방지하기 위해 실시된다. 정박봉쇄는 목표 항구 또는 해안 전면에 함대가 지속적으로 정박하여 봉쇄를 통과하려는 선박에게 위협을 주는 봉쇄이며, 순항봉쇄는 항구 또는 해안을 출·입항하는 선박을 나포할 수 있는 정도의 병력 수준으로 감시하는 봉쇄를 일컫는다.

해군봉쇄 또는 함대봉쇄라고도 하는 전략적 봉쇄는 해군 독자작전으로 적국이나 적 점령지역의 항구 또는 해안을 공격하기 위해 설정되거나 적군의 군수보급을 차단하기 위해 실시하는 봉쇄이며, 통상봉쇄는 상대방의 경제력을 약화시킬 목적으로 하는 봉쇄이다.

장거리봉쇄 또는 개방봉쇄는 일정 해역을 군사구역으로 설정하고, 발견되는 적 선박들을 정선 및 검색 등을 실시하지 않고 격침하는 봉쇄이다. 느슨한 봉쇄는 봉쇄를 실시하는 세력들이 모든 접근을 거부할 수 없고 시도도 하지 않는 형태로 일부 함선의 통항이 허용되고 군사력 사용도 제한적이다.

해상봉쇄를 수행하는 주체인 해군에서는 해상봉쇄의 형태를 '근접봉쇄'(close blockade), '장거리봉쇄'(distant blockade), '외해봉쇄'(open blockade)

략입문』(서울: 해군본부, 1965), p. 78; Elmo R. Zumbalt Jr., "Blockade and Geopolitics," *Comparative Strategy*, Vol. 4 (November, 1983), p. 24; Julian S. Corbett, *Some Principles of Maritime Strategy*, p. 149.

로 구분한다.[5] 근접봉쇄는 전통적인 봉쇄방법으로 적 세력을 항내에 가두어 진출입을 못하게 하는 것으로, 이는 적 함대가 특정 해역을 사용하거나 활동하지 못하게 고립 또는 차단시키는 방법이다. 브로디(Bernard Brodie)는 근접봉쇄의 목적을 "적에게 이용 가능한 해양의 크기를 사실상 제로(0)에 가깝게 축소하는 것이며, 효과적으로 적의 해안을 자신의 국경으로 만드는 것"으로 설명하고 있다.[6]

장거리봉쇄는 적 항구뿐만 아니라 해안을 봉쇄하는 것으로 적의 통상을 파괴하고 중립국의 통상을 저지하기 위해 실시한다. 이는 경제적 목적의 통상봉쇄와 유사한 개념이다. 또한, 외해봉쇄는 해양통제권을 확보 및 행사하기 위한 것으로 적 세력의 출입항을 허용한 후, 임무를 수행하기 전에 격멸하는 것으로, 이는 적에게 행동의 자유를 줌으로써 봉쇄 실시과정에서 적의 반격을 허용할 수 있는 봉쇄를 의미한다.

역사적으로 해상봉쇄는 다양한 형태로 사용되었다. 엘만과 페인(Bruce A. Elleman & S. C. M. Paine)의 연구[7]에 따르면, 〈표 2-1〉 및 〈표 2-2〉와 같이, 역사적으로 사용된 봉쇄형태는 근접봉쇄와 장거리봉쇄였으며, 그중에서 적대 세력의 입출항 자체를 통제하는 가장 강력한 봉쇄의 형태인 근접봉쇄가 가장 많이 사용되었다.

5　해군본부, 『해군기본교리 기본교범 0』(계룡: 해군본부, 2017), p. 62; 해군본부, 『해군작전 기준교범 3』(계룡: 해군본부, 2018), pp. 5~23.

6　the purpose of a close blockade as effectively reducing the size of the sea available to the enemy to nothing; or, to put it another way, a close blockade effectively makes the enemy's coast your frontier. Bernard Brodie, *A Layman's Guide to Naval Strategy* (Princeton, NJ: Princeton Univ. Press, 1942).

7　엘만과 페인은 1793년부터 2003년까지 각 국가가 수행한 주요 해상봉쇄 사례 17건을 연구했다. Bruce A. Elleman & S. C. M. Paine, *Naval Blockades and Seapower: Strategies and Counter-Strategies, 1805-2005* (London and New York: Routledge, 2006), pp. 23~266.

〈표 2-1〉 해상봉쇄의 대표적 사례

전쟁 또는 봉쇄명	형태	거리	기간		범위	수단	초점
영국 · 프랑스 전쟁 (1793-1815)	–	–	장기	약 7년	광범위	지상력	무역
영국 · 미국 전쟁 (1812-1815)	근접	원거리	중기	약 3년	광범위	해양력	해군
크림전쟁 (1854-1856)	근접	원거리	단기	약 2년	크리미아, 발틱	해양력	무역
미국 남북전쟁 (1861-1865)	근접	근거리	중기	약 3년	광범위	지상력	무역
제1차 청일전쟁 (1894-1895)	근접	근거리	단기	약 3개월	웨이하이	해양력	해군
미국 · 스페인 전쟁 (1898)	근접	근거리	단기	약 6개월	식민도서	해양력	해군
제1차 세계대전 (1914-1918)	장거리	근거리	장기	약 4년	광범위	연합	무역
중일전쟁 (1937-1945)	근접	근거리	장기	약 8년	광범위	해양력	무역
제2차 세계대전 (1939-1945)	장거리	근거리	중기	약 5년	광범위	연합	무역
중국 내전 (1949-1958)	근접	근거리	장기	약 9년	광범위	해양력	무역
한국전쟁 (1950-1953)	근접	원거리	중기	약 3년	연안	연합	육군
쿠바 미사일 위기 (1962)	장거리	근거리	단기	약 10일	쿠바	해양력	미사일
베트남 전쟁 (1960-1975)	근접	원거리	중기	약 5년	긴 해안선	해양력	육군
영국, 로디지아 봉쇄 (1966-1975)	근접	원거리	장기	약 9년	항구	해양력	무역
포클랜드 전쟁 (1982)	근접	원거리	단기	약 2개월	식민도서	해양력	육군
중국 대만해협 봉쇄 (1995-1996)	장거리	근거리	단기	약 7일	대만	지상력	무역
이라크 해양제재 (1990-2003)	근접	원거리	장기	약 13년	짧은 해안선	연합	무역

출처: Bruce A. Elleman & S. C. M. Paine, *Naval Blockades and Seapower: Strategies and Counter-Strategies, 1805-2005*, pp. 23~266.

〈표 2-2〉해상봉쇄 시 사용된 세부 수단들

전쟁 또는 봉쇄명	기뢰	해상초계	잠수함	폭격	정복	침공	지상작전	공중작전
영국 · 프랑스 전쟁(1793-1815)	-	-	-	-	○	○	○	-
영국 · 미국 전쟁(1812-1815)	-	○	-	-	-	○	○	-
크림전쟁(1854-1856)	-	○	-	-	-	○	○	-
미국 남북전쟁(1861-1865)	-	○	-	-	○	○	○	-
제1차 청일전쟁(1894-1895)	○	○	-	-	-	○	○	-
미국 · 스페인 전쟁(1898)	○	○	-	-	-	○	○	-
제1차 세계대전(1914-1918)	○	○	○	-	-	○	○	-
중일전쟁(1937-1945)	○	○	-	○	-	○	○	○
제2차 세계대전(1939-1945)	○	○	○	○	-	○	○	○
중국 내전(1949-1958)	○	○	-	○	○	○	-	○
한국전쟁(1950-1953)	○	○	○	○	○	○	○	○
쿠바 미사일 위기(1962)	-	○	○	-	-	-	-	-
베트남 전쟁(1960-1975)	○	○	-	○	-	-	-	○
영국, 로디지아 봉쇄(1966-1975)	-	○	-	-	-	-	-	-
포클랜드 전쟁(1982)	-	○	○	○	-	○	-	○
중국 대만해협 봉쇄(1995-1996)	-	○	-	○	-	○	-	○
이라크 해양제재(1990-2003)	-	○	-	-	-	○	-	○

출처: Bruce A. Elleman & S. C. M. Paine, Naval *Blockades and Seapower: Strategies and Counter-Strategies, 1805-2005*, p. 225.

그 다음으로 적의 통상을 파괴하고 중립국의 통상을 저지하기 위해 실시하는 장거리봉쇄가 사용되었다. 또한, 봉쇄는 봉쇄를 실행하는 국가로부터의 거리가 가까울수록 사용되는 경향이 높았으며, 지리적으로는 도서, 항구, 연안 및 해안선 등 특정한 대상을 목표로 한 사례가 가장 많았다. 해상봉쇄 기간은 최소 약 7일에서 최대 약 13년[8]에 걸쳐 이루어졌으며, 주 수단은 해양력이었고, 연합과 지상력에 의한 해상봉쇄도 실시되었다.

　해상봉쇄를 위해 사용된 세부 수단들을 분석해보면, 해상봉쇄는 단순히 한 개 군종이 보유한 특정한 수단이 동원되었다기보다는 기뢰부설부터 잠수함에 의한 공격, 폭격, 지상작전과 공중작전에 이르기까지 다양한 수단이 함께 사용된 '연합 및 합동(combinded & jointed) 작전'이었다.

2. 해상봉쇄의 목적

　해상봉쇄의 목적은 해상교통의 차단을 통해 적의 전쟁 노력을 약화시켜, 적들이 우리에게 유리한 조건을 받아들이도록 강요하는 것으로 군사력 사용의 전반적인 목표를 달성하기 위한 것이다.[9] 해상봉쇄는 모든 해상 선박이나 항공기 등 교통의 출입을 막는 전통적인 군사작전의 필수영역뿐만 아니라, 국가의 운송이나 모든 해상무역이 적국으로 들어오거나 나가는 것을 막는 형태의 경제적 또는 정치적 고립을 강요하는[10]

8　해상봉쇄 기간이 7일에서 13년이 소요되었다는 것은 그 기간 동안 해상봉쇄가 중단 없이 지속되었다는 것을 의미하지는 않는다.

9　Magne Frostrad, "Naval Blockade," *Arctic Review on Law and Politics*, Vol. 9 (2018), p. 195.

10　Roger W. Barnett, "Technology and Naval Blockade: Past Impact and Future Prospects," *Naval War College Review*, Vol. 58, No. 3 (Summer, 2005), p. 87; Phillip Jeffrey Drew, *An Analysis of the Legality of Maritime Blockade in the Context of Twenty-First Century Humanitarian Law*, p. 7.

전략적 수준의 것을 포함한다. 따라서, 해상봉쇄는 적 함대의 활동을 차단하는 작전적이며 전술적 수준의 개념과, 상대방의 경제력 약화를 통해 우리의 조건을 받아들이도록 강요하는 전략적 차원의 강압 수단으로 이해할 수 있다. 주요 해양전략가들의 연구결과가 이를 뒷받침하고 있다.

현대 해양전략의 기본 틀을 완성한 마한과 콜벳은 해상봉쇄의 개념을 정립했다. 먼저, 마한은 해양의 자유로운 사용이 국가발전에 기여할 수 있다고 봤다. 또한, 해양력이 무력에 의해 해양 또는 해양 일부를 지배하는 해군력과, 통상과 해운까지 포함한다고 주장했다. 통상과 해운이 존재하므로 함대가 자연적으로 건전하게 생성되고, 또 함대의 존재로 인해 통상과 해운이 건재하다고 했다.[11] 또한, 마한은 해양이란 불가분성을 가지고 있으며, 이에 따라서, 세계적인 해상교통로를 지배할 수 있는 우세한 해군력으로 성취할 수 있는 제해권 역시 나누어 가질 수 없다고 생각했다.[12] 따라서, 마한은 제해권을 확보하기 위해 우세한 함대로 적 함대를 격멸해야 한다는 함대결전[13]을 주장했다.

마한은 가장 중요한 해양의 이점을 교통의 매체라고 인식한다. 따라서, 함대결전을 통해 제해권[14]을 달성해야 한다고 주장했지만, 그가

---

11 Alfred T. Mahan, *The Influence of Sea Power upon History 1667-1773* (New York: Hill & Wang, 1957), p. 25.

12 Alfred T. Mahan 저, 김득주 외 공역, 『해군전략론』, p. 10.

13 함대결전은 두 국가 주력함대 간 결전을 의미한다. 마한은 제해권을 획득하기 위해서는 적 함대를 격멸해야 하고, 그 유일한 수단이 함대결전이며, 따라서, 해군작전은 적의 함대를 찾아 결전을 수행하는 데 주력해야 한다고 주장했다. 해군전력분석시험평가단, 『해양전략용어 해설집』, p. 130.

14 제해권이란 한 국가가 자국의 안전과 경제를 보장하기 위해 적 해군력의 간섭을 배제할 수 있는 해양우세의 정도를 말한다. 완벽한 제해권은 불가하여 해양통제 개념으로 사용된다. 즉 해양에 대한 시공을 초월한 개념의 지배로 이해할 수 있다. 따라서, 제해권의 개념은 곧 해양지배의 정의와 일맥상통한다고 볼 수 있다. 해군전력분석시험평가단, 『해양전략용어 해

상정하고 있는 제해권 달성의 대상은 적아(敵我)의 해상교통로의 완전한 지배인 점과 함대결전을 통해 달성하려는 효과 등을 고려 시, 단순하게 함대결전만을 중시하고 있다고 볼 수는 없다. 왜냐하면, 마한은 해양의 결정적인 통제는 결정적인 전투를 통한 공격적 행동과, 상대방과 경쟁하는 해역의 보호와 통제 등 방어적 행동을 필요로 한다고 제안하고 있으며,[15] 해양을 통제하려면 적어도 적대세력에 대한 부분적인 봉쇄를 시행해야 하기 때문이다.[16]

또한, 마한이 함대결전을 통해 궁극적으로 달성하려고 하는 목표는 우선, 위협이 되는 적 해군력의 격멸이고, 둘째, 해상교통로 보호를 통한 국부의 창출, 셋째, 상대방의 통상과 해운, 해상교통의 거부를 통한 전쟁에서의 궁극적인 승리 등 해상봉쇄를 통한 전략적 효과를 포함하고 있다. 따라서, 마한도 해상봉쇄의 작전·전술적 효과와 국가의 정책수단으로서 전략적 효과를 중시하고 있다고 합리적으로 추론할 수 있다.[17]

마한은 해양의 자유로운 사용을 통해 국가발전 문제에 중점을 둔 반면, 콜벳은 해군전략을 정책목적을 달성하기 위해 영향력을 행사하기 위한 수단으로 강조하므로, 현대적 의미의 봉쇄전략에 대한 중요성을

설집』, pp. 122~123.

[15] Barry M. Gough, "Maritime Strategy: The Legacies of Mahan and Corbett as Philosophers of Sea Power," *RUSI Journal 133*, No. 4 (1988), pp. 55~62.

[16] Adam Biggs, Dan Xu et al., "Theories of Naval Blockades and Their Application in the Twenty First Century," *Naval War College Review*, Vol. 74, No. 1 (Winter, 2021), p. 8.

[17] 이는 마한이 해양력의 효용성을 설명하기 위해 집중한 경제적 효과로도 설명할 수 있다. 마한이 해양력의 효용성을 주장하는 근거는 ① 해양의 개념을 하나의 거대한 고속도로로 보는 것이고, ② 톤당 해양수송 비용에 대한 상대적 이득이며, ③ 지구 표면의 70%를 덮고 있는 해양환경에 대한 순수한 지리적 측면이었다. 콜린 그레이(Colin S. Grey) 저, 임인수·정호섭 역, 『역사를 전환시킨 해양력: 전쟁에서 해군의 전략적 관점』(서울: 한국해양전략연구소, 1998), pp. 24~25.

부각시켰다. 콜벳은 '전쟁이란 다른 수단들에 의한 정치의 연속'이라는 현실을 바탕으로 해전의 특성을 규명했다. 적 영토를 점령하는 것을 목표로 하는 지상에서의 전쟁과는 달리, 해전은 해양을 점령하는 것이 아닌, 해양을 사용하는 데 그 목표를 두었다.[18] 콜벳은 해상봉쇄를 전략적 차원에서 적의 주력 전투함을 항내에서 나오지 못하게 하거나, 적이 해양으로 나가서 임무를 수행하려고 하는 것을 방지하는 해군봉쇄와, 해상교통로의 사용을 거부함으로써 적의 해상통상의 왕래를 저지하기 위한 상업봉쇄로 구분하고 있다.[19] 이렇게 볼 때, 콜벳이 주장하는 해상봉쇄도 국가가 전쟁을 수행하는 데 있어서 전략적, 작전적 및 전술적 효과를 달성하기 위한 방법이라는 것을 알 수 있다.

해상봉쇄에 대한 마한과 콜벳의 개념은 틸(Geoffrey Till), 터너(Stansfield Turner), 브로디(Bernard Brodie), 마틴(L. W. Martaine), 그레이(Colin S. Grey) 등에 의해 발전되었다. 하지만, 이들도 해상봉쇄를 군사적으로 또는 통상을 목적으로 바다를 이용할 수 있도록 하고, 적에게는 사용할 수 없도록 하는 작전적, 전술적 영향력뿐만 아니라 전략적 영향력을 확보할 수 있는 방법이라는 점에서 인식의 궤를 같이한다.

틸은 해상봉쇄를 해양통제권 확보를 위한 해군전략이며, 함대봉쇄[20]와 적의 상선을 차단하거나 군수품의 공급을 거부하는 경제봉쇄로 구분했다. 함대봉쇄로 적을 무력화한다면, 해양통제를 효과적으로 달성할

---

18   Julian S. Corbett, *Some Principles of Maritime Strategy*, pp. 77~80.

19   J. S. Corbett, 해군본부 역, 『해양전략의 원칙』(서울: 해군본부, 1986), pp. 183~184.

20   해군이 적국이나 적 점령지역 항구 또는 해안을 공격하기 위해 실시하거나 적의 군수보급을 차단하기 위해 실시하는 봉쇄를 전략적 봉쇄 또는 함대봉쇄라고 한다. 김영구, "해상봉쇄에 관한 해전법규의 발전과 변모", 『대한국제법학회논총』 57호(1985), p. 105.

수 있으며, 이를 자국의 이익을 확대하고자 하는 노력에 비해 경제적인 행동으로 파악했다.[21] 터너도 근접봉쇄를 현대의 출항통제와 유사한 개념으로 설명하면서 봉쇄의 목적을 적 함대전력을 조기 무력화시킴으로써 전투의지를 말살하고 궁극적으로 전략목표를 달성하게끔 하는 유용한 수단으로 강조했다.[22]

그러나, 브로디는 기뢰, 어뢰, 잠수함과 같은 무기 발달 등 과학기술의 발달로 터너 제독이 언급한 근접봉쇄의 유용성 대신, 장거리봉쇄[23]를 해양통제를 달성하는 데 효과적인 방법으로 제시했다. 또한, 현대에는 함대결전으로 제해권의 확보는 거의 불가능하게 되었으므로, 해상봉쇄가 유용한 수단으로 등장했다고 주장했다.[24]

마틴과 그레이는 해양력의 전략적 이점에 관해 논의하는 과정에서 해상봉쇄의 중요성을 강조하고 있다. 해상봉쇄는 실제 전쟁이나 잠재적 전쟁의 현장에 무장병력이나 군수품을 반입하는 것과 같은 특정한 행동

---

21 Geoffrey Till, *Maritime Strtegy and The Nuclear Age*, pp. 194~195.

22 Stansfield Turner, "Missions of The U.S. Navy," *Naval War College Review* (Mar-Apr, 1974), pp. 6~8.

23 장거리봉쇄는 제1차 세계대전 이후 생겨난 특수한 봉쇄로, 일정한 항구나 해안을 봉쇄하는 것이 아니라, 일정한 해역을 군사구역으로 설정해놓고, 그 해역 안에서 발견되는 적 상선을 정선 및 검색 없이 직접 격침한다는 것을 선언하는 것이다. 제1 · 2차 세계대전 중 독일이 영국과 프랑스가 실시한 군사행동, 1914년 11월 3일에 영국이 북해를 군사수역으로 선포한 것, 1915년 2월에 독일이 영국 본토의 근접해역에 차단수역을 선언한 것 등이 대표적인 사례이다. 또한, 한국전쟁 기간 1952년 9월 27일에 유엔사령부가 한국의 연안에 대한 공격 방지, 유엔군 보급선의 확보, 전시 금제품의 수송 방지, 간첩활동 방지 등을 위해 설치한 한국방위수역(Clark Line)도 전쟁수역을 선포한 일종의 장거리봉쇄였다. 김영구, "해상봉쇄에 관한 해전법규의 발전과 변모", p. 105; 과학기술의 발달로 인한 장거리 해상봉쇄로의 발전에 관해서는 Roger W. Barnett, "Technology and Naval Blockade: Past Impact and Future Prospects," pp. 87~98을 참조할 것.

24 Bernard Brodie, *A Guide to Naval Strategy* (New York: Prager Press, 1965), pp. 78~79.

을 불가능하게 할 수 있다고 언급했다. 이를 통해 한 국가의 전반적인 힘을 약화시켜, 그 국가가 관여하는 곳에서 정책을 추구하거나 교전을 지속하는 것을 간접적으로 불가능하게 하며, 전쟁에 대한 만족스러운 결론이나 분쟁의 해결을 협상하기 위해 사용될 수 있다고 주장한다.[25] 또한, 우세한 해양력은 적국을 육지에 봉쇄시키거나, 우회 또는 교란시킬 수 있는 동시에, 유용한 기습을 달성하기 위한 전략적 및 작전적 탄력성을 과시할 수 있는 힘으로 언급했다.[26] 여기서 주목할 만한 부분은, 해상봉쇄를 단순히 상대방의 군사력 사용을 거부하는 전술적 효과보다 상대방의 경제력 고갈을 강요함으로써, 분쟁 전반에 걸쳐 전략적 우위를 달성할 수 있는 수단으로 강조했다는 점이다.

3. 국가정책 수단으로서 해상봉쇄

국가 간 분쟁(MID)이 발생했을 경우, 각 국가가 취할 수 있는 공식적인 군사행동을 그 강도에 따라 크게 군사력 사용 위협(threat of force), 군사력 현시(display of force), 군사력 사용(use of force), 전쟁(war)의 네 가지로 구분한다. 여기서 공식적인 군사행동이란 '정부에 의해 권한이 부여된

---

25 L. W. Martine, *The Sea in Modern Strategy* (New York: Fredrick a Prager Pub., 1968), p. 125.

26 Colin S. Grey 저, 임인수 · 정호섭 역, 『역사를 전환시킨 해양력: 전쟁에서 해군의 전략적 관점』, p. 426.

행동 또는 국가대표, 공식 군사 및 정부 대표들이 취하는 행동'[27]으로, 국가정책 수단을 의미한다.

군사력 사용 위협은 '특정 국가가 상대방 국가에게 군사력을 사용하겠다는 의도와 그 위협이 전달된 상태'이며, 군사력 현시는 '상대방에게 군사적 경보, 동원 등 군사력 사용 의지를 보다 신뢰성 있게 전달하는 행동'이다. 해상봉쇄가 속하는 군사력 사용은 전쟁 이전 단계에 '실질적인 무력사용으로, 한 국가의 군대가 상대방의 군대 및(또는) 영토, 주민 및 재산에 대한 중대한 손상을 가하거나 약탈하는 것과 같은 의도적인 행위'를 의미한다.[28] 따라서, '해상봉쇄는 분쟁의 해결을 위해 국가가 선택할 수 있는 공식적인 국가정책의 수단이며, 전쟁에 이르지 않는 군사력 사용방법'임을 알 수 있다.

해군력은 일반적인 접근성(pervasiveness), 전력을 운용하는 데 있어서 다양한 융통성(flexibility), 힘과 의지를 나타내는 가시성 또는 현시성(visibility)이라는 특성으로 인해 전통적으로 국가의 대외정책을 지원하는 중요한 수단으로 인식되었다. 다른 군과는 달리 해군력은 군사전략적인 승리를 달성할 뿐만 아니라, 평시와 위기상황 발생시에도 위협을 억제하고 대응을 위한 유용하고도 필수적인 요소가 되어왔다.[29]

---

27 governmentally authorized action, a militarized incident is an overt action taken by the official military forces or government representatives of state(head of state, foreign minister, etc.). https://correlatesofwar.org/data-sets/MIDs에서 제공하는 각각의 데이터에 대한 구체적인 설명은 https://sites.psu.edu/midproject/의 "Incident Coding Manual," pp. 1~2를 참조할 것.

28 https://sites.psu.edu/midproject/의 "Incident Coding Manual," pp. 4~8.

29 Jonadhan Alford ed., *Sea Power and Influence* (Hamsphire, England: Gower Publishing Company Limited, 1980), pp. 3~11.

국가정책 수단으로서 해군력은 다수의 학자들에 의해 '포함외교'(Gunboat Diplomacy) 또는 '해군외교'(Naval Diplomacy)[30]라는 명칭으로 연구가 진행되어왔다. 이 가운데 포함외교가 전쟁에 이르지 않는 해군력을 사용하는 외교의 개념인 점을 고려해볼 때, 포함외교는 앞서 국가 간 분쟁(MID)에서도 명시한 '군사력 사용 위협(threat of force), 군사력 현시(display of force), 군사력 사용(use of force)'의 범주에 포함할 수 있다. 아울러, 포함외교는 국가이익 보호 및 손실방지 등 정치적 목적을 달성하기 위해 다양한 해군력 운용방법을 포괄하는 외교를 의미한다. 따라서, 해상봉쇄를 포함외교의 범주에 포함하여 논의할 수 있다. 실제로 국가 간 분쟁 데이터에서도 해상봉쇄는 '군사력 사용'의 범주에 속한다.

특히, 해상봉쇄가 포함외교의 실천수단의 하나라고 볼 수 있는 근거는 알렌(Charles D. Allen)의 연구를 통해서도 확인할 수 있다. 알렌은 포함외교를 개입(intervention), 개재(interposition), 차단(interdiction), 해상교통로 보호(protection of SLOC)로 구분했는데, 이 중 개재와 차단이 해상봉쇄에 해당되는 개념들이다. 개입은 상대국가에 지상군을 상륙시키거나 해상으로부터 적 해안에 군사력을 전개하는 것이며, 개재는 봉쇄와 같은 의미로, 타 국가의 세력이나 해상통상을 해상접근로로부터 완전하게 봉

---

30 포함외교는 당사국 간 분쟁 시 사용되며, 해군력은 불안정한 상황에서 유력한 수단으로서 특정국에 대해 어떤 행위를 하도록 하거나 또는 하지 못하도록 고의적으로 강요하는 수단이다. 어떤 사실을 명백히 기정사실화하기 위해 사용하거나, 또는 더 이상의 강력한 수단이 불가능하거나 바람직하지 못할 경우에 자국의 의사를 표면적으로 표출하기 위해 사용된다. Eric Grove, "The Role of Naval Power and Diplomacy in Crisis Management," *Sea Power and Korea in the 21st Century ed.* by Choon Kun Lee (Seoul: Kwangil Printing Co., 1994), p. 202; 에릭 그로브는 Eric Grove, *The Future of Sea Power* (London: Routlege, 1990), p. 234 에서 해군력의 전·평시 역할을 외교적 역할(국기시현, 포함외교), 군사적 역할(무력투사, 해양통제, 해양거부), 치안적 역할(국가주권 및 질서유지, 국가자원 활용 보호, 국제평화 유지) 세 가지로 분류했다.

쇄하거나 고립시키는 것을 의미한다. 또한, 차단은 상대국가의 힘을 소모시키는 것으로, 상대국가의 해상접근로를 완전하게 봉쇄하는 개재보다 완화된 개념이다. 해상교통로 보호는 상대국가에 대한 자국의 해상접근로를 적의 개재나 차단활동으로부터 보호하는 것을 의미한다.[31]

해상봉쇄를 포함한 해군력을 이용한 외교는 오늘날까지 그 유용성이 인정된다. 이는 해상봉쇄를 연구한 학자들의 공통된 견해이기도 하다. 1919년부터 1993년까지 각국의 포함외교 사용빈도를 연구한 결과에서도 과거에나 70년이 지난 1993년이나 포함외교를 국가정책 수단으로 사용하는 빈도에 있어서 큰 차이가 없었다[32]는 것이 이를 뒷받침한다. 평화 시 해군은 오랫동안 한 국가의 정책도구였고, 미국도 예외는 아니었다. '미국의 국방 및 국무장관들은 자주 미국의 해군사령관들이 미래에 미국의 외교에 유용한 참여자'라는 것을 이의 없이 받아들이고 있다.[33] 아놋(Ralph E. Arnott)과 그래피니(William A. Graffney)에 의하면, 미국은 1946년부터 1982년까지 발생한 분쟁 중 80% 이상에 해군력을 사용했는데,[34] 이는 미국이 해군력을 국가정책 지원을 위한 유용한 도구로 사용했음을 증명하고 있다.

---

31 Charles D. Allen, Jr, *The Use of Navies in Peacetime* (Washington D.C.: American Enterprise Institute for Public Policy Research, 1980), pp. 8~12.

32 James Cable, *Gunboat Diplomacy, 1919-1991* (London: Macmillan Press, 1994), p. 4, 158~213.

33 Peter M. Swartz, *American Naval Policy, Strategy, Plans and Operations in the Second Decade of the Twentyfirst Century* (Washington Boulevard: CNA, 2017), p. 30.

34 Ralph E. Arnott & William A. Graffney, "Naval Presence Sizing the Force," *Naval War College Review* (Mar-Apr, 1985), p. 18.

4. 해상봉쇄의 발전과정

　　해상봉쇄는 상대방의 경제력을 고갈시켜 전쟁수행능력을 감소시키는 봉쇄의 본질적인 형태를 유지하면서도, 다양한 명칭과 형태로 변모되었다. 아직도 중요한 의미를 갖고 있는 전통적 형태의 봉쇄전략은 현대에 이르러 그 범위와 역할, 수단 등이 과거에 비해 보다 광범위하게 확대되었다.[35] 전통적인 해상봉쇄는 제1·2차 세계대전에서 실시된 해상봉쇄가 대표적이다. 제1차 세계대전 시에는 그동안 적 해군력의 근본적인 출입항을 통제하는 근접봉쇄가 구역 중심의 봉쇄로 변화했다. 구역 중심의 봉쇄는 기존 해군력으로 특정한 항구 또는 해안을 봉쇄하는 근접봉쇄와는 달리, 구역을 설정하여 봉쇄하는 형태였다. 구역봉쇄는 기존 봉쇄와는 전혀 다른 형태의 봉쇄이나, 효과 면에서 보면 기존 봉쇄와 유사한 효과를 얻는 봉쇄의 형태였다.[36]

　　제1차 세계대전 당시 영국은 '군사수역'(Military Zone)을, 독일은 '전쟁구역'(War Zone)을 각각 선포하고, 그 안에서 기뢰부설 구역을 운용하여 중립국 선박들에게 피해를 입혔다. 특히, 독일은 유보트(U-Boat)를 활용하여 중립국 선박들을 포함한 연합국 함정에 큰 피해를 줬다. 제2차 세계대전에서도 독일과 영국은 각각 군사수역과 전쟁수역을 확장하여 선포하고 안전항로를 지정했다. 중립국 선박은 이 안전항로로 항해해야

---

35 바네트(Roger W. Barnett)는 해상봉쇄가 과학기술의 진화, 해상무역의 증대와 의존도 증가 및 국제관계의 구조적 변화 등에 의해 그 성격과 형태가 변화되어왔다고 주장했다. Roger W. Barnett, "Technology and Naval Blockade: Past Impact and Future Prospects," p. 87.

36 이민효, "해상봉쇄법의 변천과 한반도에서의 적용에 관한 연구",『국제법학회논총』46권 1호(2001), p. 172.

하고, 이 항로를 벗어난 선박은 모두 적으로 간주되어 나포되거나 격침되었다.[37]

　제1·2차 세계대전에서 봉쇄구역이 지정되면서 전통적 봉쇄는 장거리봉쇄로 변화했는데, 각국들은 확대된 구역을 봉쇄하는 부담을 최소화하기 위해 장거리봉쇄를 취하게 되었다. 제1·2차 세계대전 시 해상봉쇄를 더욱 효과적이고 확실한 전투수단으로 만들었던 것은, 국가 간 경제적 상호의존성 증대와 무기체계의 발달이었다. 이로 인해 봉쇄국은 원거리에서 피봉쇄국의 경제력 고갈을 강요할 수 있었다. 따라서, 상대방 전력을 근원적으로 차단시키는 효과를 얻을 수 있었다.

　제1·2차 세계대전 시 해상봉쇄가 주요 전투수단으로서 상대방의 경제력 고갈을 추구하여 전쟁수행능력을 감소시키는 역할을 위해 사용되었다면, 한국전쟁에서 해상봉쇄는 군사전략적으로 전쟁을 억제하는 수단으로 활용되었다. 미국의 한국전 파병결정으로 1950년 6월 28일 최초로 한국에 파견된 주노(Juneau, 6천 톤급) 순양함 등에 의해 해상봉쇄가 실시되었고,[38] 1952년 9월 27일에는 유엔군사령부가 한국의 연안에 대해 공격 방지, 유엔군 보급선의 확보 및 전시 금제품의 수송 금지 등을 위해 한국방위수역(Clark Line)을 선포했다. 이로 인해 북한의 해상교통로는 완전히 차단되었다. 적국은 물론 일체의 중립국 선박들이 봉쇄되었기 때문에, 이는 완전한 의미의 해상봉쇄였고 장거리봉쇄였다.

　그러나, 한국전쟁 당시 실시된 해상봉쇄는 근접봉쇄와 장거리 경제봉쇄가 추구하는 전통적인 전투수단인 동시에, 핵 보유국 간의 확전의

37　이민효, "해상봉쇄법의 변천과 한반도에서의 적용에 관한 연구", p. 173.

38　국방부, 『한국전쟁사 제2권』(서울: 국방부, 1979), p. 868.

위험성이 상존하는 가운데 전략적 억제력을 제공하는 유용한 수단이었다. 그 이유는 당시 소련과 중국이 미국에 의해 선언된 봉쇄를 인정할수 없다고 항의하고 그 적법성에 이의를 제기했으나, 결국 봉쇄조치에대해 도전을 하지 않았기 때문이다. 결국, 소련이나 중국은 물론 북한으로부터 해상 및 공중에서 저항을 받지 않아, 유엔군사령부의 해상봉쇄세력은 완전히 해양통제권을 장악한 상태에서 실효적인 봉쇄작전을 수행할 수 있었다.

미국은 1962년 쿠바 미사일 위기 시 '검역'(quarantine)이란 이름으로해상봉쇄를 단행했다. 검역수역은 공식적인 전쟁이 아닌 단계에서 수행되며, 선박 자체의 통항보다는 특정 화물을 제한하려 한다는 점에서 선별적인 봉쇄조치라고 할 수 있다. 이는 공해의 배타적 사용이 목적이라기보다는, 공해의 일정 수역에서 다른 국가의 자유로운 항행을 거부하려는 것이다.[39]

쿠바 미사일 위기 시 사용된 해상봉쇄는 미국의 강력한 메시지와확전방지를 위해 내려진 정책결정이었다. 이는 전쟁의 특정적 형태이기는 하나 총격전이 뒤따르지 않을 것이라는 희망 속에서, 소위 위기 시강압을 통해 분쟁의 해결을 도모하려는 방법으로 자주 행해지고 있는것이다. 비전투적 봉쇄는 주로 특정한 행동을 직접적으로 위축시키는데, 그리고 협상의 과정 속에서 강압을 통해 협상을 유리한 방향으로 이

39　쿠바 미사일 위기는 해상봉쇄의 좋은 사례이다. 당시 미국은 봉쇄(blockade)가 국제법상 전쟁을 의미했기 때문에 소련을 덜 자극하기 위해 공격형 무기에 대한 검역(quarantine)이라는 용어를 사용했다. 피터 스와츠는 검역을 봉쇄의 한 형태(a form of blockade)로 언급했다. Peter M. Swartz, *American Naval Policy, Strategy, Plans and Operations in the Second Decade of the Twentyfirst Century*, p. 44. 해군전력분석시험평가단, 『해양전략용어 해설집』 p. 129; 김현수, "군사수역에 관한 연구", pp. 59~60.

끄는 데 있어서 효용성이 있었다.[40] 여기서 주목할 만한 점은, 쿠바 미사일 위기 시 사용된 해상봉쇄는 제한전쟁하에서 전면전을 회피하면서 분쟁을 해결할 수 있는 유용한 강압수단이었는데, 이는 기존의 전통적인 전쟁행위로 인식되었던 해상봉쇄가 평시에도 강압수단으로 활용될 수 있음을 보여줬다는 점이다.

역사적 사례를 통해서도 해상봉쇄는 전시뿐만 아니라, 평시에도 중요한 군사력 운용수단으로 사용되고 있음을 알 수 있다. 특히, 미국은 제1 · 2차 걸프전 시 전구에서 합동작전의 일부로서, 전구사령관을 지원하는 해양 전장지배 및 외부지원을 차단하기 위해 '해양차단작전'(Maritime Interdiction Operation, MIO)을 실시했다. 해양차단작전은 적성국가로 수출입이 금지되는 항목을 적재하거나 해상을 통해 탈출이나 잠입을 시도하는 전범 등 특정 인사를 태운 선박 또는 항공기에 대해 국제적 제재조치를 이행하기 위한 작전이다. 작전목적은 대량살상무기 확산 방지와 적성국에 금제품 반출 · 입을 저지하는 것이다. 이를 위해 금지구역을 설정하고 출입선박의 위치확인, 식별, 추적, 정선, 검색, 항로변경 또는 나포 등을 실시한다.[41] 따라서 해양차단작전은 유엔안보리 결의 범주 내에서 대량살상무기 확산 방지와 적성국가의 금제품 반출입 저지 등 제한적인 목적을 달성하기 위한 작전이며, 제3국 또는 중립국에 대한 영향을 가급적 최소화하도록 하는 변형된 형태의 해상봉쇄라 할 수 있다.

그 이유는 해양차단작전은 수행 중 전쟁단계로 상황이 전환되면,

---

40 Edward N. Luttwak, *The Political Uses of Sea Power* (Baltimor, Malyland: Johns and Hopkins University Press, 1974), p. 135.

41 해군본부,『해양차단작전 운용교범 3-12』(계룡: 해군본부, 2020), p. I-12.

적성국을 고립시키기 위한 전시 봉쇄작전으로 전환할 수 있도록 되어있는 평시 해상봉쇄이기 때문이다. 또한, 중립국에 영향을 줄 수밖에 없었던 기존 봉쇄와는 달리, 해상봉쇄에 대해 가장 쟁점이 되었던 중립국의 피해를 최소화할 수 있도록 국제법에 근거한 무력의 허용수준, 특정한 금지항목, 적성국가의 영해 진입과 지정학적 제한점[42]을 구체화함으로써, 해상봉쇄의 정당성과 국제적 동의를 중요시하고 있기 때문이다. 따라서, 해상차단작전은 해상봉쇄의 효과를 그대로 추구하면서, 변화된 안보환경과 국제법적인 제한을 반영한 변형된 해상봉쇄이다.

제1·2차 세계대전 시 경제적 고갈을 목적으로 하는 전쟁수단으로 발전되었던 해상봉쇄는, 한국전쟁에서 핵전쟁의 위험과 확전의 위험성을 전략적으로 관리하면서 전쟁의 승리를 추구하는 전략적 억제수단으로 사용되었다. 또한, 쿠바 미사일 위기를 거치면서 기존에 전쟁행위로 인식되었던 해상봉쇄는 평시에도 유용한 외교적 강압수단으로 활용될 수 있다는 것이 증명되었다. 또한, 걸프전에서는 해상봉쇄에서 가장 논란이 되어왔던 중립국의 피해 감소대책 등과 국제법의 준수 및 국제적 동의를 통해 정당성과 합법성을 구비함으로써, 평시에도 국가정책 수단으로 보다 다양하고 자유롭게 운용할 수 있는 정책적 선택지로 변모하게 되었다.

최근에는 해상봉쇄 대신 제재의 의미를 갖는 '차단'(interdiction), '선박출입항금지'(embargo) 등의 용어가 자주 사용되고 있다. 그 이유는 봉쇄가 국제법으로 엄격하게 규제되어 있으므로, 각 국가들은 국제법상의

---

42 여기서 지정학적 제한점이란 적성국가의 영해 진입 또는 선박 추적가능 해역은 교전규칙, 국내법 및 국제법에 의해 결정된다. 적성국가의 영해 진입에 관한 의사결정은 지형조건, 적성국가의 해양권 주장 내용과 수준, 기간 중 정치적 상황 전개에 따라 변경될 수 있다.

적법성 등 난점을 고려하여 봉쇄라는 용어 사용을 의도적으로 회피하고 있기 때문이다. 이는 해상봉쇄가 여전히 국가이익을 달성하기 위한 유용한 수단이라는 것을 반영한 현상으로 판단된다.

제2절 산업연관분석 기법의 이론적 기초

1. 산업연관분석의 개념 및 발전

한 국가경제에서 각 산업들은 직·간접적으로 서로 관계를 맺고 있다. 즉, 생산활동을 위해 상호 간 재화와 서비스를 구입하거나 판매하는 과정을 통해 일정한 관계를 형성한다. 이러한 각 산업들 간의 거래관계를 일정기간, 통상 1년 동안 원칙에 의거하여 행렬의 형식으로 표시한 통계표를 '산업연관표'라 한다. 이를 이용하여 산업 간의 연관관계를 수치적으로 분석하는 것을 '산업연관분석'(Inter-Industry Analysis)이라고 하며, 이는 '투입산출분석'(Input-output Analysis)이라고도 지칭된다.[43]

산업연관분석은 하버드 대학교의 노벨경제학상을 수상한 레온티에프(Wassily W. Leontief) 교수가 미국의 경제를 대상으로 전 재화 및 서비스의 흐름을 일괄적으로 표현한 경제표(투입산출표) 작성을 시도하여, 1936년 Review of Economics and Statics지(誌)에 '미국경제체계에서의 수량

---

43 한국은행, 『2015년 산업연관표』, p. 3.

적인 투입산출 관계'(Quantitative Input-Output Relations in the Economic System of the United Statistics, Aug., 1936)라는 논문을 기고함으로써 시작되었다.

그후 레온티에프는 1919년 및 1929년 미국의 경제에 대한 투입산출표를 작성했고, 1941년『미국 경제의 구조』(The Structure of American Economy, 1919-1929: An Empirical Application of Equilibrium Analysis, Cmbrige, MA: Harvard University Press)를 발표했다. 또한, 1951년에는 1939년을 대상으로 한 본격적인 산업연관표를 작성하고, 그것을 이용한 분석결과와 함께 전술한 서명의 제2판을 발간했다. 이『미국경제의 구조 1919-1939』(Wassily W. Leontief, The Structure of American Economy 1919-1939, 2nd edition revised, New York: Oxford University Press, 1951)가 산업연관분석의 원전이라 할 수 있다.[44]

레온티에프는 산업연관분석으로 제2차 세계대전 후 미국의 철강 생산과 연관된 고용문제를 예측했고, 산업연관분석이 국가정책의 실증분석 도구로서 유용하다는 것을 입증했다. 그 후에 미국에서 1948년 표를, 일본에서 1951년 표를 각각 작성하기 시작했으며, 이로 인해 세계 각국에서 산업연관분석에 대한 연구가 활발히 진행되었으며, 그 실효성이 제고되었다.

현재에는 선진국에서부터 개발도상국 대부분에 이르기까지 작성되고 있다. 한편, 유엔통계국도 1966년에 '산업연관표와 분석의 제문제'(Problems of Input Output Tables and Analysis)라는 매뉴얼을 작성하여 각국이 산업연관표를 작성하는 데 지침을 제공함으로써, 산업연관분석은 국민경제 분석을 하는 데 유용한 도구로서 널리 보급되었다. 이 산업연관

---

44 강광하, 『산업연관분석론』(서울: 연암사, 2000), pp. 4~5; 한국은행, 『2007년 산업연관분석 해설』(서울: 한국은행, 2007), p. 11.

분석은 그 이론과 응용의 측면에서 획기적으로 발전했고, 경제구조 분석, 경제예측 및 계획 등을 위해 국가경제를 분석하는 도구로 다양하게 활용되고 있다.[45]

우리나라는 1958년 부흥부의 산업개발위가 1957년과 1958년 산업연관표를 작성하기 시작했으나, 당시 산업연관표는 통계자료의 부족과 전자계산기의 이용제약 등으로 내용이 미흡한 일종의 계산표였다. 비교적 형식과 내용을 갖춘 산업연관표는 한국은행이 1964년에 공표한 1960년 산업연관표로, 이것이 체계적으로 작성된 한국 최초의 산업연관표라고 볼 수 있다.[46]

산업연관표는 실측표와 연장표가 있는데, 한국은행에서 5년마다 정기적으로 작성하는 산업연관표를 실측표라고 하고, 실측표 발표기간 사이에는 자료의 수정 및 보완 등 부분조정을 통해 매년 발표하는 산업연관표를 연장표라고 한다.[47]

2. 산업연관표의 유용성

산업연관표는 산업연관분석의 기초자료가 된다. 산업연관표는 한마디로 국민경제의 골격을 분석한 국민경제의 지적도 또는 해부도라고

---

45 한국은행, 『2007년 산업연관분석 해설』, pp. 11~12.

46 한국은행, 『2015년 산업연관표』, p. 5.

47 본 연구에서 해상봉쇄 효과 분석에 사용한 2019년 산업연관표는 연장표이다.

할 수 있다. 즉, 산업연관표는 한 국가의 경제를 구성하고 있는 각 산업부문이 다른 산업부문으로부터 중간재(원재료, 연료 등)를 구입하고, 여기에 본원적 생산요소(노동, 자본 등)를 결합함으로써 새로운 재화 및 서비스를 생산하며, 다른 산업부문에 중간재로 판매하거나 최종 소비자에게 소비재나 자본재 등으로 팔게 되는데,[48] 이를 행렬의 형식으로 원칙 및 형식에 따라서 기록한 종합적인 통계표를 말한다. 국민경제에서는 많은 재화 및 서비스가 생산되고, 이 재화와 서비스는 다시 유통과정을 통해 다른 산업부문의 생산활동을 위한 중간재로 팔리거나 최종구매자에게 판매된다.

산업연관표는 한 국가의 경제 내 재화 및 서비스의 흐름을 체계적으로 분석하기 위해 작성한 것이다. 즉, 국민경제를 여러 산업부문으로 구분하여 일정 기간 동안 각 부문 간에 거래된 재화와 서비스의 흐름, 각 산업부문에서 생산요소(노동, 자본 등)의 투입, 그리고 각 산업부문 생산물의 최종수요(소비, 투자, 수출 등)에 따라 판매를 기록한 것으로 한 국가 실물경제의 종합적 통계표라 할 수 있다. 따라서, 산업연관표를 작성하면, 한 나라의 국민경제에 대한 다양한 분석이 가능하다.

산업연관표는 산업부문 간 거래관계를 나타내고 있기 때문에, 상호연관관계를 이용하면 보다 깊이 있는 경제분석을 수행할 수 있다. 예를들자면, 특정한 생산물의 최종수요 변동에 따라서, 생산, 수입 및 고용등에 미치는 경제적인 효과를 분석하고자 할 때, 경제 전체에 대한 효과뿐만 아니라 산업별 효과를 분석할 수 있다. 이러한 유용성으로 산업연관표는 한 국가의 경제계획을 수립하거나, 다양한 산업정책들과 고용

---

48 한국은행, 『2007년 산업연관분석 해설』, p. 20.

및 물가정책 등을 수립하는 데 널리 이용되고 있다.

강광하는 산업연관분석의 유용성을 세 가지로 요약했다. 첫째, 산업연관분석은 각 산업부문에 대한 투입과 산출의 연관관계를 활용한 분석이다. 따라서, 특정한 산업의 수요변화는 이와 연관되어 있는 타 산업의 공급변화를 의미하고 있다는 점에서 한 국가의 수요와 공급을 산업별로 구분하여 고려해야만 하는 경제예측, 계획수립 등을 분석하는 도구로 활용되고 있다.

둘째, 산업연관분석은 국민경제 전체를 포괄하면서도 전체와 부분을 유기적으로 결합하고 있는 동시에, 재화와 산업 간의 순환을 포함하고 있으므로 구체적으로 경제구조를 분석하는 데 유리하다.

셋째, 산업연관분석은 소비, 투자 및 수출 등의 변동이 각 산업부문의 생산과 수입에 미치는 효과를 분석할 수 있게 해준다.[49] 따라서 산업연관분석은 해상교통로가 봉쇄되어 수출이 지장을 받을 때, 국민경제에 미치는 피해 정도를 예측해볼 수 있는 유용한 틀로 사용할 수 있다.

3. 산업연관표의 기본구조

산업연관표의 기본구조는 〈그림 2-1〉과 같다. 산업연관표의 가로방향(行)은 각 산업에서 생산된 생산물들이 어떤 부문에 얼마나 팔렸는가를 나타낸다. 이는 각 산업부문의 배분구조(생산물 판매)를 나타내는 것

---

49   강광하, 『산업연관분석론』, pp. 4~5.

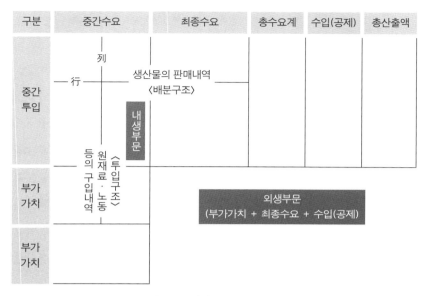

〈그림 2-1〉 산업연관표의 기본구조

출처: 한국은행, 『2007년 산업연관분석 해설』, p. 20.

으로, 중간수요(중간재로 판매)와 최종수요(소비재, 자본재 및 수출상품 등으로 판매)의 두 부분으로 나뉜다. 그리고 중간수요와 최종수요를 합친 것을 총수요액이라고 하며, 총수요액에서 수입을 뺀 것을 총산출액이라고 한다.

세로방향(列)은 투입구조로, 산업별 재화와 서비스 생산을 위해 중간에 투입된 원재료 및 부가가치 내역을 나타낸다. 이는 중간투입(원재료투입)과 부가가치(노동이나 자본 투입) 두 부분으로 나누어지며 그 합계를 총투입액이라 한다. 이때 각 산업부문의 총투입액과 총산출액은 항상 일치한다. 이를 간략화하여 표시하면 다음과 같다.[50]

---

50 한국은행, 『2007년 산업연관분석 해설』, pp. 20~21.

배분구조(行):　중간수요 + 최종수요 = 총수요액(= 총공급액)

　　　　　　　총수요액 − 수입 = 총산출액

투입구조(列):　중간투입 + 부가가치 = 총투입액

　　　　　　　총투입액 = 총산출액

산업연관표에는 몇 가지 중요한 개념이 있다. 먼저, 산업연관표의 세로방향에 명시된 중간투입은 각 산업에서 원재료 재화나 서비스를 구입하여 사용하는 것을 말하며, 부가가치는 토지, 노동 및 자본 등의 본원적 생산요소들 구입하고 지급한 대가를 말하는 것으로 생산활동에 의해 새로 창출되는 가치이며, 생산활동에 참여한 요소에 대한 대가로 생산요소 공급자가 받는 소득이 된다. 따라서, 각 생산물들의 가치는 생산에 투입한 중간투입물 구입 비용과 부가가치 둘의 합계가 된다. 가로방향의 중간수요는 각 산업에서 산출된 생산물이 다른 생산물의 생산을 위한 원재료나 원료로 사용되는 것으로 말하며, 최종수요는 각 산업에서 산출된 생산물을 가계나 기업에서 소비재나 투자재로 사용되는 것을 말한다.

산업연관분석을 하기 위해서는 먼저 투입계수에 대한 이해가 필요하다. 왜냐하면, 산업연관분석은 투입계수를 활용한 각 산업 간 상호의존 관계에 대한 분석이기 때문이다. 투입계수는 각 품목부문이 재화 및 서비스의 생산에 사용하기 위해 구입한 중간투입액(원재료, 연료 등)을 해당 상품의 총투입액, 즉 총산출액으로 나눈 것을 말한다. 즉, 투입계수는 각 산업부문 생산물을 1단위 생산하기 위해 필요한 중간재 및 부가가치 단위다.[51]

51　한국은행,『2014년 산업연관분석 해설』(서울: 한국은행, 2014), pp. 50~53.

경제 전체로 보면, 각 산업부문 생산활동들의 궁극적인 목적은 소비, 투자, 수출 등과 같은 최종수요를 충족하기 위한 것이다. 물론 다른 부문의 중간재로 판매되는 생산재는 직접적으로 최종수요를 충족시키는 것은 아니나, 최종재 생산을 위해 필요한 중간재를 공급하는 것이다. 따라서, 최종수요를 간접적으로 충족시키는 것이다. 예를 들어, 원면 ⇨ 면사 ⇨ 면직물 ⇨ 의복류의 생산공정에서 보면, 의복류만 최종재로서 사용될 수 있으며, 원면, 면사 및 면직물은 모두 중간재로 투입(수출은 없다고 가정 시)이 되지만, 이는 최종재인 의복류를 생산하기 위한 중간투입에 해당되므로 궁극적으로 모두 최종수요를 충족하기 위해 생산된다고 볼 수 있다. 따라서, 한 나라의 모든 재화와 서비스는 직·간접적으로 소비, 투자 및 수출 등 최종수요를 충족시키기 위해 생산되며 그 총산출 규모도 최종수요에 따라 결정된다. 이때 최종수요와 각 재화 및 서비스의 총산출의 수준을 매개하는 역할을 수행하는 것이 투입계수라고 한다.[52]

〈그림 2-2〉는 실제 한국은행의 산업연관표를 간략화한 것이다. 1열 즉, 1부문 중간투입 내역 X_{11}, X_{21}을 총투입액 X_1으로 나눈 값을 a_{11}, a_{21}이라고 한다면, 이것이 1부문 생산물 한 단위를 생산하기 위해 필요한 각 산업부문 생산물 크기를 나타내는 투입계수이고, 1부문 부가가치 V_1을 X_1로 나눈 것은 부가가치계수 또는 부가가치율이다. 이를 일반수식으로 표현하면 투입계수(a_{ij}) = X_{ij} / X_j이며, 부가가치계수(부가가치율)(vj) = V_j / X_j이다.[53]

52 한국은행, 『2014년 산업연관분석 해설』, pp. 53~54.
53 한국은행, 『2014년 산업연관분석 해설』, p. 51.

구분		중간수요					최종수요	수입 (공제)	총산출액
		1	2	...	j	...	n		
중간투입	1	X_{11}	X_{12}	...	X_{1j}	...	X_{1n}	Y_1	M_1	X_1
	2	X_{21}	X_{22}	...	X_{2j}	...	X_{2n}	Y_2	M_2	X_2
	⋮	⋮	⋮		⋮		⋮	⋮	⋮	⋮
	i	X_{i1}	X_{i2}	...	X_{ij}	...	X_{in}	Y_j	M_j	X_j
	⋮	⋮	⋮		⋮		⋮	⋮	⋮	⋮
	n	X_{n1}	X_{n2}	...	X_{nj}	...	X_{nn}	Y_n	M_n	X_n
부가가치		V_1	V_2	...	V_j	...	V_n			
총투입액		X_1	X_2	...	X_j	...	X_n			

〈그림 2-2〉 한국은행의 산업연관표 기본 형식

출처: 한국은행, 『2014년 산업연관분석 해설』, p. 51.

구분	1	2	...	j	...	n
1	a_{11}	a_{12}	...	a_{1j}	...	a_{1n}
2	a_{21}	a_{22}	...	a_{2j}	...	a_{2n}
⋮	⋮	⋮		⋮		⋮
i	a_{i1}	a_{i2}	...	a_{ij}	...	a_{in}
⋮	⋮	⋮		⋮		⋮
n	a_{n1}	a_{n2}	...	a_{nj}	...	a_{nn}
부가가치	V_1	V_2	...	V_j	...	V_n
계	1	1	...	1	...	1

〈그림 2-3〉 한국은행 산업연관표 투입계수표 형식

출처: 한국은행, 『2014년 산업연관분석 해설』, p. 52.

이렇게 산출된 투입계수와 부가가치계수는 〈그림 2-3〉과 같이 한국은행이 제공하는 산업연관표에 작성되어 있다. 여기서 세로방향(열 방향)의 특정산업에 대한 투입 및 부가가치계수를 합하면 1이 된다. 따라서, 투입계수 행렬과 부가가치계수 행렬은 다음과 같이 나타낼 수 있다.

$$
\text{투입계수 행렬}(A) =
\begin{bmatrix}
a_{11} & a_{12} & \cdots & a_{1j} & \cdots & a_{1n} \\
a_{21} & a_{22} & \cdots & a_{2j} & \cdots & a_{2n} \\
\vdots & \vdots & & \vdots & & \vdots \\
a_{i1} & a_{i2} & \cdots & a_{ij} & \cdots & a_{in} \\
\vdots & \vdots & & \vdots & & \vdots \\
a_{n1} & a_{n2} & \cdots & a_{nj} & \cdots & a_{nn}
\end{bmatrix}
$$

$$
\text{부가가치계수 행렬}(A^v) =
\begin{bmatrix}
a_{11} & a_{12} & \cdots & a_{1j} & \cdots & a_{1n}
\end{bmatrix}
$$

위의 투입계수 행렬과 부가가치계수 행렬을 이용하여 수출이 국내생산에 얼마만한 유발효과를 미치는지, 부가가치는 얼마인지를 산출할 수 있다. 본 연구에서 도출하고자 하는 생산유발효과와 부가가치유발액에 대한 세부 측정방법은 다음 장에서 논의했다.

제3절 선행연구 검토

오늘날의 분쟁 양상은 핵무기 개발로 인한 상호 간 공멸이라는 전제하에 국가 간 혹은 지역 간의 제한전 양상을 띠고 있다. 제한전쟁하에서 국가들은 해군력을 매우 용이하게 활용할 수 있는 수단으로 인식하고 있으며, 특히 해상봉쇄를 국가의 전략적 목적을 달성할 수 있는 유용한 수단으로 간주한다.[54] 해상봉쇄는 우세한 해양력을 가진 국가가 전쟁에 이르지 않는 방법으로 상대국에게 효과적으로 자국의 의지를 강요할 수 있는 수단이다. 그 변화과정을 분석해 봤을 때 해상봉쇄는 그 형태와 명칭이 변경되었을 뿐, 실효성은 전시와 평시를 막론하고 변함없이 지속되고 있다.

그러나, 해상봉쇄에 관해 연구하는 학자들의 다양한 학문적 성과 중에서도 유독 국가정책을 뒷받침하는 수단으로써 해상봉쇄의 유용성과 효과를 정량적으로 분석한 사례는 매우 드물다. 해상봉쇄의 유용성과 효과와 관련된 기존 연구 경향들은 〈표 2-3〉과 같이 정리할 수 있으

---

54 김동욱,『한반도 안보와 국제법』(서울: 한국한술정보주식회사, 2009), p. 297.

<표 2-3> 해상봉쇄 유용성과 효과 관련 연구경향

연구경향	대표적인 학자들
해군작전 형태로 해상봉쇄 연구	박정기, 이한, 방수일, 구영민
해상봉쇄에 대한 법리적 연구	이민효, 김현수
봉쇄사례에 집중한 정성적 연구	엘만과 페인, 아담 빅스와 동료들, 폴 휴길, 필립 제프리 드류, 박창권, 박정규
해상봉쇄에 대한 정량적 연구	박진성, 최영찬

며, 본 연구와 유사성 및 차별성을 논의해 보면 다음과 같다.

해군 내에서조차도 해상봉쇄의 유용성에 관한 연구는 매우 미흡하며, 그나마 연구결과도 유사한 실정이다. 해군 내 해상봉쇄는 해군대학 교수들과 해군 내 학자 또는 실무자들에 의해 소논문 형태 및 군사학술 용역보고서 형식으로 발표되었다. 연구경향은 적의 항구나 연안에 대해 무력을 행사하는 해군작전의 한 종류로서 해상봉쇄를 다루고 있거나, 해상봉쇄법의 국제법적 해석 및 적용이라는 두 가지로 형태로 진행되었다.

먼저, 해군작전의 한 종류로서 해상봉쇄를 연구하는 경향은 주로 박정기, 이한, 방수일 및 구영민 등 해군장교에 의해 진행되었다. 박정기와 그의 동료들은 2006년부터 2012년까지 해군 군사학술용역보고서를 통해 해상봉쇄의 유용성을 제시했다. 박정기 및 이한의 '해상봉쇄 정책의 한국해군 적용'(2006)과 방수일의 '해상봉쇄작전 교범 선행연구'(2012)[55]에서는 해상봉쇄가 해양통제와 위기관리의 유용한 수단이라고 주장하고 있다.

---

55 박정기·이한, "해상봉쇄 정책의 한국해군 적용", 『해군 군사학술용역 연구보고서』(2006. 11); 방수일, "해상봉쇄작전 교범 선행 연구", 『해군 군사학술용역 연구보고서』(2012.10).

구영민은 '해전에서의 해상봉쇄에 관한 연구'(2009)[56]에서 테러리즘, 대량살상무기 확산, 해적행위, 불법 이민 및 밀입국 등 초국가적 위협에 대응하기 위해 가장 효과적인 방법으로 해상에서의 차단을 주장했다. 이를 위해 대량살상무기 확산방지 구상, 전시 금제품의 평시 차단작전 등에 대한 법적 검토를 바탕으로 한반도 전구 내에서 해상차단 작전을 어떻게 적용할 것인지 등 작전적 측면의 적용문제에 초점을 두고 논의했으나, 해상차단이 왜 초국가적 위협에 가장 효과적인 작전인지에 대해서는 추가 연구가 필요했다.

두 번째 연구경향은 해상봉쇄의 법리적 해석에 집중하고 있다. 이민효, 김현수 등 국제법학자들은 해전법 내에서 봉쇄법의 발전과 제1차 세계대전 이후 새롭게 나타난 전쟁수역의 적법성 및 한반도에의 적용문제를 주로 다루었다. 김현수는 '군사수역에 관한 연구'(2004)[57]에서 포클랜드 전쟁과 걸프전 등에서 운용되었던 군사수역의 실례를 분석하고, 군사수역의 법적 의미와 합리성을 분석했다. 특히, 김현수는 유엔해양법상 국가가 임의적으로 특정사항을 규제하기 위해 설정이 가능한 수역은 그 국가의 주권, 주권적 권리 또는 관할권을 갖는 수역 내에서만 허용되나, 세계 여러 국가들은 해양, 특히 공해를 자국의 필요에 따라 또는 국제적 요구에 의해 여러 형태로 유용하게 이용해 왔는데, 이는 하나의 관행으로 국제사회에 정착되어 왔다고 평가했다.

이는 "해전의 규칙들이 해양 강대국들의 이익뿐만 아니라 강대국들과 이들 사이의 타협점이 되어 왔고, 이와 같이 봉쇄법은 해군의 전략

---

56   구영민, "해전에서 해상봉쇄에 관한 연구", 『해군 군사학술용역 연구보고서』(2009.11).
57   김현수, "군사수역에 관한 연구", pp. 49~88.

과 전술을 반영하고 있으며, 시간이 지남에 따라 '침묵과 묵인을 통해' 개발된 관습적인 국제법의 산물이다"[58]라고 평가한 데이비드 존슨(Thomas David Jones) 등 국외학자들의 견해와도 일치한다. 이는 국제법 등 제도가 해양 강대국의 필요를 규제해오지 않았으며, 해상봉쇄가 강대국의 국가정책 수단으로서 필요에 따라 유용하게 활용되었음을 의미한다.

그러나, 국제법적 해석에 중심을 둔 국내연구들은 해상봉쇄가 법적인 한계에도 불구하고 유용한 수단으로 정착되었다고 평가하면서도, 왜 해상봉쇄가 강대국의 유용한 정치적 수단이 되었는지에 대한 분석이 부재하다. 단지, 위 연구들은 해상봉쇄에 적용된 국제관습법이 강대국의 필요에 따라 유리하게 적용될 수 있도록 성립되어 왔다는 법리적인 해석에 방점을 두고 있다.

세 번째 경향은 대표적인 봉쇄사례에 대한 정성적인 연구이다. 이는 해상봉쇄에 대한 주된 연구경향으로, 대표적인 학자들의 연구결과와 본 연구와의 유사성 및 차별성에 대해 논의해보면 다음과 같다. 먼저, 엘만(Bruce A. Elleman)과 페인(S. C. M. Paine)은 『해상봉쇄와 해양력: 전략과 대(對)전략들』(Naval Blockades and Seapower: Strategies and Counter- Strategies, 1805-2005, 2006)[59]에서 19세기와 20세기에 가장 중요하고 잘 알려진 18개 사례들 — 나폴레옹의 대륙봉쇄, 1812~1815년 영국의 봉쇄, 1854~1856년 크림전쟁 시 봉쇄, 연합 해군봉쇄, 1894~1895년 제1차 청 · 일전쟁 시 봉쇄, 미국 · 스페인 전쟁 시 쿠바봉쇄, 제1차 세계대전 시 봉쇄, 1937~

---

58 Thomas David Jones, "The International Law of Maritime Blockade – A Measure of Naval Economic Interdiction," *Howard Law Journal 26* (1983), pp. 759~779, 76.

59 Bruce A. Elleman & S. C. M. Paine, *Naval Blockades and Seapower: Strategies and Counter-Strategies*.

1941년 제2차 청·일전쟁 시 봉쇄, 1939~1945년 유럽에서 해상봉쇄, 1949~1958년 중공의 봉쇄, 1950~1953년 한국전쟁 봉쇄, 1962년 쿠바 봉쇄, 베트남전쟁 시 봉쇄, 로디지아[60]에 대한 영국의 봉쇄, 1982년 포클랜드 전쟁 봉쇄, 1990~2003년 이라크 봉쇄, 중국의 대륙간탄도미사일을 활용한 대만봉쇄, 비합법적인 해상난민 억제 및 거부를 위한 호주의 해상경계선 봉쇄 — 을 선정하여 해상봉쇄를 분석했다.

엘만과 페인은 "해상봉쇄를 정치적 공백 상태에서는 절대로 수행할 수 없는 국가의 목적을 달성하는 수단"으로 정의하고, 이를 증명하기 위해 18개의 사례에서 나타난 해상봉쇄의 전략적 및 작전적 효과(strategic and operational effectiveness)에 대해 논의하고 있다. 여기서 작전적 수준의 효과는 해상교통과 수송의 지연 또는 방해 정도를 의미하며, 전략적 수준의 효과는 작전적 효과가 전략적 성공의 달성에 기여하는가의 문제로 가끔 단독으로 또는 다른 군사전략과 조합적일 수는 있으나, 해상봉쇄가 매우 중요한 국가목표(overarching national goal)를 달성하는 수단으로서 역할을 수행했는지 여부를 의미한다고 주장한다.

그는 역사적으로 실시된 18개의 봉쇄사례에 대한 작전적 목표와 전략적 목표를 기술하고 전략적 효과성을 평가했는데, 18개 사례 중 14개 사례가 전쟁의 종료 강제(forced war termination), 통상 단절(cut trade), 쿠바 미사일 철수(USSR removed missiles), 이라크 재무장 예방(prevented iraqi rearmament), 이민행렬의 감소(reduced immigrant flow) 등과 같은 전략적 효과를 달성했으며, 이로 인해 전쟁에서 승리했다고 평가했다. 또한, 전략적 효과를 달성한 해상봉쇄 중 신속한(rapid) 봉쇄행동이 7회, 타이트한

---

60 옛 영국의 식민지로 현재는 잠비아와 짐바브웨로 각각 독립국이 되었다.

(tightening) 봉쇄행동이 5회, 느슨한(loosening) 봉쇄행동이 2회, 간헐적(intermittent) 봉쇄행동이 1회 순으로 이루어졌고, 봉쇄의 기간은 중기가 6회로 가장 많았고, 단기가 5회, 장기가 3회로 평가했다.

해상봉쇄의 전략적 효과는 ① 대체항로 여부, ② 봉쇄구역 크기, ③ 대체시장과 대체물품 여부에 따라 영향을 받으며, 가장 성공적인 해상봉쇄는 도서봉쇄, 크림반도 또는 산둥반도와 같은 독립된 반도에 대한 봉쇄라고 주장하며, 이는 무역 차단과 군사적 압력이라는 두 가지 효과를 용이하게 달성할 수 있기 때문이라고 분석했다.

엘만과 페인의 연구는 국가정책 수단으로서 해상봉쇄의 효과에 관한 문헌들 중 가장 논리적이며 심도 있게 분석한 몇 안 되는 연구로 평가된다. 특히, 해상봉쇄의 유용성과 효과에 대한 연구성과가 매우 미흡하다는 점에서 볼 때, 해상봉쇄에 관한 연구활동에 시사한 바가 크며, 본 연구와 맥을 같이하고 있다고 분석할 수 있다.

그러나, 엘만과 페인의 연구에는 몇 가지 아쉬운 부분이 있다. 먼저, 해상봉쇄의 유용성과 효과를 평가하는 부분에서 많은 역사적 해상봉쇄 사례 중 몇 안 되는 사례를 선정하여 그 효과를 평가했다는 점이다. 따라서, 엄밀하게 말하면, 그 연구에서 제시된 해상봉쇄의 유용성과 효과는 몇 안 되는 사례에 한정된 것으로 평가할 수 있다.

둘째, 해상봉쇄는 국가가 정책수단으로 사용한 다양한 군사행동의 하나이다. 따라서, 해상봉쇄의 유용성과 효과는 다양한 군사행동의 유형 속에서 관찰해 봐야만 보다 심도있는 분석이 이루어질 수 있다고 본다. 결국, 국가정책 수단으로서 해상봉쇄의 유용성과 효과를 다루는 문제는 다양한 군사행동들의 범주 안에서 평가될 필요성이 있는 것이다. 이 점에서 본 연구는 엘만과 페인의 연구와 차별성을 갖는다.

셋째, 국가목표 달성여부를 기준으로 해상봉쇄의 유용성과 효과를 판단한 점은 해상봉쇄의 전략적 효과를 입증하는 데 효과적인 방법으로 평가된다. 하지만, 국가가 목표한 바를 어떻게 달성했는지도 효율성 차원에서 중요한 고려요소이나, 이에 대한 구체적인 방법의 제시와 분석이 이루어지지 못했다. 일반적으로 국가의 정책결정은 목표달성 정도(degree of goal achievement)를 나타내는 효과성(effectiveness)과 최소한의 비용과 투입으로 기대하는 산출을 얻는 효율성(efficiency)을 고려한 합리적인 것이 되어야 한다. 따라서, 엘만과 페인의 연구는 해상봉쇄의 전략적 및 작전적 목표달성에 집중하고 있으며, 어떻게 목표를 효율적으로 달성했는지에 대한 논의가 필요했다. 그러므로 해상봉쇄의 유용성을 평가하는 데 있어서 인명손실(명) 정도, 분쟁 소요기간(일) 등 해상봉쇄의 효율성과 목표달성, 즉 효과성을 동시에 고려한 이 책은 연구방법의 합리성과 연구결과의 보편성 측면에서 엘만과 페인의 연구와는 차별성이 있다.

끝으로, 분석의 대상 선정에 대한 명확성 문제이다. 무엇을 분석할 것인지, 그 대상을 선정하는 문제는 연구결과에 대단히 큰 영향을 준다. 따라서, 분석의 대상은 일반성과 보편성을 갖춘 것이어야 한다. 엘만과 페인은 자신들의 연구를 "쿠바 미사일 위기 시 해상봉쇄와 같이 대중적 관심을 받고 있는 사례에 대해 연구가 집중되어 있고, 역사적으로 매우 효과적이었으나 관심의 대상이 되지 못했던 해상봉쇄의 사례가 많다고 평가하고, 문헌연구의 차이를 보강하기 위한 것"으로 전제하고 있다.

그러나, 그들은 단지 '19세기부터 20세기에 가장 중요하고 학자들에게 잘 알려진 사례(nineteenth and twentieth centuries's most important naval blockades)'를 연구대상으로 삼고 있다. 결국 그들이 말하는 '가장 중요한 해상봉쇄'(most important naval blockades) 사례를 선정함으로써, 연구대상 선정의 모호성을 해결하지 못했다. 본 연구는 국제관계를 연구하는 학자들에 의해 널리 인용되고 있는 국가 간 군사적 분쟁 데이터(MID)를 활용한 연구로 차별성을 갖는다.

아담 빅스(Adam Biggs), 댄 슈(Dan Xu), 조슈아 로프(Joshua Roaf) 및 타타나 올슨(Tatana Olson)은 '21세기 해상봉쇄 이론들과 그 적용'(Theories of Naval Blockades and Their Application in the Twenty-First Century First Century, 2021)[61] 이라는 논문에서 해상봉쇄의 이론과 적용문제에 관해 논의했다. 그들은 역사 전반에 걸쳐 봉쇄의 두드러진 사용, 역사적 중요성 및 실효성에도 불구하고, 그간 연구는 21세기에 해상봉쇄를 어떻게 적용해야 하는지에 대한 논의가 거의 없었다고 문제를 제기하면서, 해상봉쇄를 실질적으로 적용하기 위해서는 해상봉쇄의 이론을 개발하고 시행해야 한다고 주장했다.

그들은 이를 위해 과거와 현재의 봉쇄효과를 비교분석하고, 봉쇄전략에 영향을 미치는 중요한 질문들 — ① 해상봉쇄의 작전적 목표를 달성했는가? ② 해상봉쇄가 전략적 목표달성 또는 상황의 개선에 기여했는가? ③ 목표를 위해 비용과 자원을 소모할 가치가 있는가? — 을 연구에 적용한다고 기술하고 있다. 또한, 해상봉쇄의 효과에 영향을 미치는 요소와 수단은 변화했지만, 해상봉쇄 전략의 잠재적인 효과(potential effects)는 과거와 현재에도 크게 변화하지 않았는데, 그 이유는 현재에도 해상운송은 지상 및 공중 운송방법의 발전에도 불구하고 세계 경제의 중요한 부분으로 남아있고, 여전히 세계 경제는 해상운송에 크게 의존

---

61 Adam Biggs & Dan Xu & Joshua Roaf et al., "Theories of Naval Blockades and Their Application in the Twenty-First Century First Century," *Naval War College Review*, Vol. 74, No. 1 (Winter, 2021).

— 전 세계 무역의 90% 이상이 바다를 통해 운송 — 하기 때문이라고 주장했다.

아담 빅스와 그의 동료들의 연구를 분석해보면, 다음과 같은 면에서 이 책과 유사성과 차별성을 갖는다. 먼저, 그들이 주장한 해상봉쇄의 유용성과 효과를 평가하는 기준은 전략가가 전략의 수립을 위해 고려해야 할 요소들을 모두 포함한 유용한 준거라는 점에서 이 책과 유사성을 갖는다고 평가할 수 있다.

하지만, 그들의 연구는 이에 대한 고려보다는 해상봉쇄의 효과에 영향을 미치는 요소 산출과 적용에 집중하고 있고, 해상봉쇄의 유용성과 효과를 평가하기 위해 설정한 위의 세 가지 질문에 대한 답과 그 과정을 구체적으로 제시하지는 못했다. 반면에, 이 책은 합리적인 준거와 이에 따른 연구의 전개 및 공신력 있는 사례의 선택 등을 통해 양적 방법으로 해상봉쇄의 유용성과 효과를 평가하려는 것으로, 빅스와 그의 동료들의 연구와는 차별성이 있다.

폴 휴길(Paul D. Hugill)은 그의 논문 '21세기 지속되고 있는 해상봉쇄의 유용성'(The Continuing Utility of Naval Blockade in the Twenty-first Century, 1998)[62]에서 각 국가들은 로마제국 이전부터 그들의 외교정책을 지원하기 위해 해상봉쇄를 사용해왔고, 과거와 마찬가지로 향후에도 해상봉쇄의 유용성은 지속될 것이라는 가정에 기초하여 연구를 수행했다. 이를 위해 7개의 해상봉쇄 사례 — 미국 남북전쟁(1861~1865), 제1차 세계대전(1914~1918), 제2차 세계대전(1939~1945), 영국의 로디지아 봉쇄(1966~

---

[62] Paul D. Hugill, "The Continuing Utility of Naval Blockade in the Twenty-first Century," *Master of Military Art and Science, B.S., Maine Maritime Academy, Castine* (1998).

1975), 쿠바 봉쇄(1962), 이라크 봉쇄(1990), 유고슬라비아 봉쇄(1993~1996) ― 분석을 통해, 국가들이 해상봉쇄를 위기해결을 위해 어떻게 활용했는지를 탐구했다.

먼저, 미국의 남북전쟁에서 사용된 해상봉쇄는 북부연합이 남부연합의 면화수출 차단 등을 통해 남부연합의 경제를 파괴하는 데 기여함으로써, 전쟁에서 남부연합의 패배에 결정적인 역할을 했다고 주장했다. 특히, 해상봉쇄로 인해 전쟁 전(1857~1860) 1,800만 포대였던 남부연합의 면화 수출은 전쟁 중(1861~1865) 190만 포대로 감소되었고, 감소액은 남부연합 총지출(11억 달러)과 맞먹는 10억 달러에 달했다고 분석하고 북부연합은 해상봉쇄를 통해 남부연합을 고립시켜 전쟁목적을 달성했다고 평가했다.

한편, 제1차 세계대전에서 독일은 연합국의 봉쇄로 인해 밀, 호밀, 감자 등의 생산이 1/2로 감소되었고, 빵 배급량은 일주일에 1인당 1,250그램, 성인 1인당 50킬로그램이었던 육류 소비량은 1915년부터는 13킬로그램으로 급감했으며, 전쟁 전 매년 11만 5천 톤을 생산하던 양철은 1915년 공급중단으로 사용이 금지되었다고 평가하면서 연합국의 해상봉쇄는 독일을 고립시켜 전쟁의 종말을 앞당겼다고 언급했다.

제2차 세계대전 시 해상봉쇄는 독일의 소련을 통한 물자 수입, 원자재 비축, 중립국과 무역협정 등 때문에 이전의 사례에 비해 결정적이지는 못했으나, 독일의 노동력, 경제 기반시설에 부정적인 영향을 주는 데 중요한 역할을 했다고 설명했다. 즉, 연합군의 독일 봉쇄는 전통적인 봉쇄 효과를 발휘했을 뿐만 아니라, 독일을 고립시켜 전쟁 중단을 강제하려는 외교적, 재정적 노력과 결합되어 유리한 환경을 조성하는 요인이었다고 평가했다.

쿠바 봉쇄에 대해서는 미국으로부터 90마일 이격된 곳에 소련의 군사력을 배치하는 것을 허용하지 않았다는 점에서 효과적이었고, 그것은 소련이 쿠바에서의 공격용 무기에 대한 미국의 경고를 노골적으로 무시한 시기에 미국의 결의를 보여주는 효과적 정책수단이었다고 강조했다. 비록 봉쇄가 전쟁을 일으킬 수 있는 군사적 대립을 야기시켰으나, 그것은 공습이나 침략보다 강대국 간 전쟁 가능성이 적었던 적절한 외교적 수단임을 강조했다.

이라크 봉쇄와 유고슬라비아 봉쇄에 대해서도 경제적 영향을 부각시켜 설명했다. 이라크 봉쇄로 이라크 경제의 인플레이션은 악화되었고, 의약품 부족은 HIV와 간염병 확산, 식량부족은 병원에 있는 80%의 어린이들을 영양실조에 시달리게 했다고 평가했다. 또한, 유고슬라비아 봉쇄로 생산은 40%, 소비는 70% 감소했고, 이로 인해 노동력의 60%를 해고해야 했으며, 세르비아 몬테네그로의 1인당 국민소득은 1990년의 절반수준으로 떨어졌다고 언급했다. 또한, 약 74만 5천 명이 일자리를 잃었으며, 정치적 시위가 많았다고 분석했다.

폴 휴길의 연구는 엘만과 페인의 연구와 같이 국가정책 수단으로서 해상봉쇄의 효과를 다룬 대표적인 문헌으로 평가된다. 또한, 해상봉쇄의 경제적 영향을 분석하여 그 유용성을 설명하고 있다는 점에서 가치가 있다. 이는 해상봉쇄가 한국의 국민경제에 미치는 영향을 구체적으로 제시하려는 본 연구와 유사성을 갖는다고 볼 수 있다.

그러나, 폴 휴길의 연구는 해상봉쇄로 인해 발생한 특정한 경제 현상에 국한하여 그 경제적 효과를 설명하고 있다는 점에서, 본 연구가 추구하는 국민경제 전반에 미치는 영향에 대한 분석과는 다르다. 또한, 휴길의 연구는 엘만과 페인의 연구와 같이 역사적으로 발생했던 몇몇 사례로 그 범위를 한정시키고 있으며, 무엇보다도 일곱 개의 해상봉쇄 사례 선정이유를 "모든 해상봉쇄에 대한 개략적인 연구보다 영향요소를 더욱 용이하게 식별할 수 있기 때문"이라고 주장함으로써 사례선정 사유에 대한 구체적인 설명이 부족했으며, 이로 인해 선정된 사례가 연구결과에 어떻게 영향을 미칠 것인지에 보다 세밀한 검토가 필요했다.

또한, 휴길의 연구는 연구의 초점을 해상봉쇄의 유용성과 효과보다는 해상봉쇄에 영향을 미치는 주요 요소들을 식별하는 데 두었다. 그는 "7개 사례들이 시기적으로 각각의 고유한 맥락과 상황(their own unique context in time) 속에서 수행되었을지라도 명시된 목표를 달성하는 데 성공과 실패를 촉진하는 공통요소가 존재했다"고 주장했다. 그는 공통요인을 식별하기 위해, 해상봉쇄의 시행원인, 해상봉쇄의 시행, 피봉쇄국의 해상봉쇄 영향력 감소대책, 해상봉쇄의 최종결과라는 4개 영역에 대한 연구를 통해 해상봉쇄의 효과에 영향을 주는 5개의 주 요소와 11개의 부 요소[63]를 제시하고 있다. 따라서, 각국의 군사행동들 중에서 해상봉쇄의 유용성을 분석하고, 산업연관분석을 통해 해상봉쇄의 효과를 구체화하려는 본 연구와는 대별된다.

아울러, 엘만과 페인의 연구에 대해서도 언급했던 바와 같이, 해상봉쇄는 국가가 설정한 목표를 달성하기 위해 사용하는 다양한 수단 중의 하

---

[63] 5개 주 요소는 ① 합법적인 봉쇄, ② 정부의 정치적 의지, ③ 봉쇄 강요를 위한 탁월할 해상전력 보유, ④ 봉쇄를 지지하는 대상국과 무역통제 협력, ⑤ 타 작전과 연계 필요성이며, 11개 부 요소는 ① 유지보수와 승조원 휴식을 위한 지원기지 확보, ② 봉쇄 시행국가의 봉쇄 지속성, ③ 피봉쇄국의 해상봉쇄 돌파 및 회피에 대한 대응능력, ④ 봉쇄능력 증대를 위한 공중우세 달성, ⑤ 피봉쇄국이 사용 가능한 항구의 수, ⑥ 봉쇄국이 봉쇄를 수행하기 위해 요구되는 소요 증대여부, ⑦ 피봉쇄국 국민들의 인내심, ⑧ 피봉쇄국의 수출 포트폴리오, ⑨ 피봉쇄국의 무역대상국 수, ⑩ 피봉쇄국의 교통 인프라, ⑪ 피봉쇄국의 해상수송에 대한 수출입 의존도이다.

나이므로 다양한 군사행동의 유형과 비교하여 해상봉쇄가 차지하는 위치를 분석해봐야만 그 유용성을 객관적으로 평가할 수 있다. 폴 휴길의 연구는 그 연구범위를 해상봉쇄 사례들 내로 한정시킴으로써 '해상봉쇄 사례들 속에서 유용성'으로 그 범위를 축소시켰다. 따라서, '다양한 군사행동들 속에서 해상봉쇄의 유용성'을 탐구하려는 본 연구와 차이점이 있다.

필립 제프리 드류(Phillip Jeffrey Drew)는 『21세기 인권법의 맥락에서 해상봉쇄의 적법성 분석』(An Analysis of the Legality of Maritime Blockade in the Context of Twenty-First Century Humanitarian Law, 2015)[64]에서 지난 20세기에 발생했던 전시 해상봉쇄 사례 두 가지 ― 1914~1919년까지의 독일 봉쇄, 1990~2003년까지의 이라크 봉쇄 ― 와 현재 진행 중인 사례 한 가지 ― 2007년부터 실시한 가자지구 봉쇄 ― 를 선정하여 해상봉쇄의 유용성과 효과를 분석했다. 그는 세 가지 사례를 선정한 이유에 대해 "역사적으로 이 세 가지 사례가 피봉쇄국의 국민들에게 극도로 해로운 영향을 미칠 수 있는 전형적인 사례"이기 때문이라고 언급했다. 필립 제프리 드류는 위 사례를 분석하면서 해상봉쇄는 상대방이 전쟁을 더 이상 수행할 수 없도록 경제를 교란시키는 것이며, 그 영향은 한 나라의 군사력뿐만 아니라 피봉쇄국의 국민들까지 황폐화시킬 수 있기 때문에, 해상봉쇄를 현대 역사에 가장 치명적이고 효과적인 전투방법으로 확신했다.

그는 해상봉쇄가 국민들에게 미치는 영향을 다음과 같이 분석했다. 1914년부터 1919년까지 영국의 독일 봉쇄사례에서는 봉쇄기간 동안 독일 경제가 절대적으로 의존하고 있는 질소와 인산비료와 같은 원자재

64　Phillip Jeffrey Drew, *An Analysis of the Legality of Maritime Blockade in the Context of Twenty-First Century Humanitarian Law*.

수입 차단이 식량부족을 초래했고, 식량부족으로 인해 괴혈병, 결핵, 이질 등이 흔하게 발생했다고 설명했다. 1915년까지 독일의 수입은 전쟁 전 수준보다 55% 감소했으며, 이로 인해, 국민들은 빵 배급과 일주일에 3파운드의 감자로 생존해야 했다고 주장했다. 또한, 1918년 전쟁이 끝날 때까지 1인당 소비수준은 전쟁 이전과 비교하여 생선 5%, 지방 7%, 계란 13%, 버터 28%, 치즈 15%, 콩과 보리 6%, 설탕 82%가 감소했으며, 어린아이들의 식단은 하루 평균 1,000칼로리 수준으로 열악하게 되었다고 평가했다. 아울러, 계속되는 봉쇄로 인해 독일 국민은 굶주림과 영양실조로 인플루엔자에 노출되었고, 역사학자들은 5년간 영국의 독일에 대한 경제봉쇄의 영향으로 76만 3천 명이 기아로 사망했다고 분석하고, 이를 5년간 독일의 전투 손실인 174만 명과 비교해서 설명함으로써 해상봉쇄의 효과가 어느 정도인지 그 수준을 가늠케 했다.

1990년부터 2003년까지 이라크에 대한 유엔 차원의 봉쇄에서는 이라크의 석유 수출이 줄면서, 이라크 국민들이 의약품과 생필품 등 인도주의적 물품을 살 수 있는 여유가 없게 되었으며, 식량 수입뿐만 아니라 비료와 농장, 기계류 등의 품목들이 금수조치를 받으면서 즉각적이고 중대한 식량위기에 직면했다고 분석했다. 약 96만 명의 만성 영양실조 아동들이 생겨났는데, 이는 1991년 이후 72% 증가한 수치이며, 유니세프(UNICEF)에 의하면, 5세 미만 사망률이 천 명당 56명(1984~1989)에서 131명(1994~1999)으로 2배 이상 증가했고, 유아사망률 또한, 천 명당 47명에서 108명으로 증가했다고 밝혔다.

2007년부터 현재까지 가자지구 봉쇄 사례에서는 이스라엘의 해상 봉쇄로 인해 팔레스타인의 2009년 4월 어획량이 2007년에 비해 3분의 1로 감소했으며, 비누 및 식수 등 기본적인 생필품을 구입할 수 없는 비율이 3배나 증가했다고 주장했다. 또한, 가자지구 경제의 고립으로 2010년 말 팔레스타인 인구의 3분의 1인 143만 명이 계속해서 식량 공급에 대한 불안을 겪었으며, 높은 실업률과 어류의 공급부족으로 인해 어린이들과 임산부들이 단백질 결핍증에 걸렸다고 분석했다.

필립 제프리 드류의 분석은 해상봉쇄의 효과를 정량적으로 평가하고는 있으나, 그 효과는 국가정책 수단으로서 해상봉쇄의 유용성을 설명하기 위한 것이라기보다는 피봉쇄국이 겪는 피해를 부각시키는 데 초점을 두고 있다. 이는 기존 봉쇄법의 개정을 통해 인도주의적 차원에서 민간인들에게 치명적인 영향을 완화시킬 수 있을 경우에만 선호되는 전쟁방법으로 해상봉쇄를 사용해야 한다는 것을 특별히 강조하기 위한 것이라 볼 수 있는 것이다. 해상봉쇄가 국가정책 수단으로 유용한지 그렇지 않은지, 그 효과는 어느 정도인지를 분석하려는 이 책과는 접근방식이 근본적으로 다른, 궁극적으로는 사례분석을 통해 해상봉쇄법의 수정 필요성 등에 초점을 둔 연구라 할 수 있다. 제프리 드류의 연구는 해상봉쇄가 민간인에게 미치는 영향을 설명함으로써, 수치적으로 국민경제에 미치는 영향을 제시하는 데 성공했다고 평가할 수는 있다. 하지만, 해상봉쇄가 국가목표 달성에 영향을 주는 유용한 수단이라는 것에 대해서는 추가적인 논의가 필요했다.

아울러, 해상봉쇄의 영향을 제시하기 위해 제공한 수치, 즉 식량부족과 실업률, 기아로 인한 사망률 등은 해상봉쇄의 효과를 판단하는 데 있어서 일반적으로 받아들일 수 있는 방법에 의해 산출된 것으로 판단하기에 어려운 측면이 있다. 이는 특정 분야에서 나타난 영향에 집중하여 해상봉쇄의 효과를 제시한 것으로, 제시된 효과들을 일반적인 해상봉쇄 효과로 판단하기에는 설득력이 부족해 보인다.

박창권 및 박정규는 각각 '해상봉쇄의 한국 해군에의 적용'(2004)과 '해상봉쇄에 관한 현대적 고찰'(2004)[65]이라는 논문을 통해 봉쇄전략의 현대적 의미와 주 고려요소, 최근 전쟁양상이 봉쇄전략에 주는 시사점, 봉쇄 수행을 위한 여건과 적용방안에 대해 연구했다. 특히, 박창권은 1950년대 중국의 금문도 봉쇄, 제4차 중동전, 1982년 포클랜드전과 1987년 이란·이라크전 시 사용된 해상봉쇄 사례를 분석하면서, 봉쇄 목적은 적 해군함정의 활동을 저지하는 것뿐만 아니라 통상을 차단하고 지상작전을 지원하기 위한 목적으로 확대되었으며, 최근에는 유엔의 결의에 의한 경제제재 목적의 해상 금수조치가 분쟁 발생 시 빈번히 적용되고 있다고 분석했다. 그는 이 분석에 근거하여 정책수단으로서 해상봉쇄를 미래분쟁에서 어떻게 적용해야만 효과적이며 유용한지에 대한 방안을 제시했다.

또한, 박정규는 1950년 한국전쟁, 1962년 쿠바 미사일 위기 등 8건의 주요사례를 분석하면서, 각국은 해상봉쇄를 "해양통제의 확보 유지"와 "위기관리 시 강압"이라는 두 가지 목적을 위해 "현대전쟁에서는 물론 연안국가 간의 전쟁에서는 거의 예외 없이 사용된 중요한 전략"으로 주장했다.

그러나, 두 학자들의 주장은 몇 가지 부분에서 추가적인 연구가 필요할 것이다. 먼저, 해상봉쇄를 해양통제와 위기관리 시 강압을 가할 수 있는 유용한 수단으로 분석하고 있으나, 이는 일부 몇몇 사례에 한정된 분석으로 해상봉쇄의 역할을 일반화하기는 다소 무리가 있다고 판단된다. 또한, 해상봉쇄가 왜 전쟁에서 중요한지에 대해 사례별로 간략히 설

---

65   박정규, "해상봉쇄에 관한 현대적 고찰"; 박창권, "해상봉쇄의 한국 해군에의 적용", 『제1회 해양전략 심포지엄』(2004)

명은 하고 있으나, 이는 기존 주장과 대별되지 못하기 때문에 보다 구체적이고 분석적인 설명이 필요할 것으로 판단할 수 있다.

위 연구는 연구결과에 직접적인 영향을 미칠 수 있는 분석대상의 선정사유에 대한 설명도 필요하다. 무엇보다 연구범위를 국가정책 수단인 다양한 군사행동들 속에서 해상봉쇄의 유용성을 탐구하기보다, 해상봉쇄 사례들 내에서 그 유용성을 밝히려고 함으로써 연구의 객관성을 보다 확대시킬 수 있는 기회가 제한되었다.

끝으로 제한적이나마, 해상봉쇄에 대한 정량적 연구 경향도 찾아볼 수 있다. 먼저, 박진성은 '국가 제재수단으로서 평시 해상봉쇄의 효과성의 분석에 대한 연구'(2018)[66]에서 해상봉쇄가 평시에도 제재(sanctions)를 목적으로 한 수단으로 빈번히 사용되어왔다고 주장하면서, 제재를 연구하는 학자들에게 널리 인용되는 경제제재의 위협과 시행 데이터(Threat and Imposition of Economic Sanction Dataset, TIES)를 활용하여 평시 국가의 정치적 목적 달성수단으로 해상봉쇄의 효과성 정도를 연구했다. 그는 1945년부터 2005년까지 1,412회의 다양한 경제제재가 있었고, 그중 평시봉쇄가 42회 실시되었다고 분석했으며, 통계분석을 활용하여 평시봉쇄가 정치적으로 유용한 수단임을 증명했다. 즉, 봉쇄는 TIES에서는 제시하는 제재의 종류 총 9개[67] 중 자산동결, 부분적 경제 엠바고, 총체적 엠바고에 이어 4번째로 정치적 목표달성의 우선순위가 높은 수단으로

---

66 박진성, "국가 제재수단으로서 평시 해상봉쇄 효과성의 분석에 대한 연구", 『STRATEGY 21』 통권 44호, Vol. 21, No. 2 (Winter, 2018).

67 TIES에서는 제재의 종류를 총체적 경제 엠바고(total economic embargo), 부분적 경제 엠바고(partial economic embargo), 수입제한(import restriction), 수출제한(export restriction), 봉쇄(nlockade), 자산동결(asset freeze), 원조금지(termination of foreign aid), 여행금지(travel ban), 경제협약 철회(suspension of economic agreement) 9개로 분류했다.

분석했다. 또한, 봉쇄제재가 전쟁을 억제하고, 그 봉쇄 시행기간 측면에서도 전쟁에 비해 상대적으로 짧게 소요되므로 정치적으로 활용도가 높은 수단임을 검증했다.

박진성의 연구는 해상봉쇄의 유용성에 대해 양적 분석을 실시한 국내 유일한 연구로, 기존 연구경향에 비해 해상봉쇄의 유용성에 대한 주목할 만한 결과를 도출했다는 점에서 매우 의미 있는 성과물로 평가한다. 특히, 한 국가의 정치적 수단으로서 봉쇄의 유용성에 대해 정량적 분석을 시도했다는 점에서 이 책과 맥락을 같이 한다.

그러나, 박진성의 연구는 몇 가지 측면에서 본 연구와 차이점이 있다. 우선, 박진성의 연구는 평시 국가를 제재하는 수단으로 활용되는 봉쇄를 연구대상으로 하고 있고, 봉쇄의 효과성을 판단하는 비교대상도 경제 엠바고, 수출제한, 자산동결, 원조금지 등 9개의 다양한 경제적인 조치들에 한정하고 있다. 따라서, 전쟁을 포함한 분쟁의 전체적인 스펙트럼 속에서 해상봉쇄의 유용성을 분석하려는 본 연구와는 차이가 있다. 해상봉쇄의 유용성을 판단하기 위한 비교대상도 분쟁 시 각 국가들이 사용할 수 있는 다양한 군사행동을 상정하여 연구한 이 책과 대별된다.

둘째, 박진성의 연구는 1945년부터 2005년까지의 사례에 집중하고 있는 반면, 본 연구는 1816년부터 2010년까지 국가 간 분쟁 시 발생한 군사행동(MID)에 기초하고 있다는 점에서 보다 일반성(generality)을 갖는다. 박진성의 연구는 평시 봉쇄사례 42건 중 군사적 도발 억제를 위해 제재를 가한 경우는 총 6건이라고 언급하고, 이 중에 군사적 도발 억제에 성공한 경우가 약 4.4회(74%)에 달하므로 봉쇄가 전쟁을 억제시키는 데 효과가 있다는 가설이 검증되었다고 평가하고 있다.

셋째, 위 연구는 주로 봉쇄의 목표달성이라는 효과성에 초점을 두고 있는 반면, 본 연구는 국가의 목표달성 정도(degree of goal achievement)를 나타내는 효과성(effectiveness)과 최소한의 투입을 통해 기대하는 산출을 얻는 효율성(efficiency)을 측정할 수 있는 준거들을 바탕으로 해상봉쇄의 유용성을 평가하고 있다는 점에서 차별성을 갖는다.

또한, 박진성의 논문은 평시 해상봉쇄가 국가의 유용한 정치적 수단임을 양적 연구로 증명하고, 중국과 일본의 한국에 대한 평시 해상봉쇄 제재 가능성 등 전략적 함의를 분석하는 질적 연구를 병행하고 있으나, 중국과 일본의 해상봉쇄가 현실화되었을 때, 한국의 경제적 손실 정도를 제시하지 않았다.

최영찬의 '동아시아 해양분쟁 발발이 한국경제에 미치는 영향에 관한 연구: 동맹전이 이론과 산업연관분석을 중심으로'(2005)[68]는 산업연관분석을 활용하여 한국경제에 미치는 효과를 양적으로 제시한 연구이다. 그는 동아시아 해양분쟁의 발생 가능성과 연계하여 한국경제에 대한 해상교통로의 영향을 산업연관분석을 이용하여 제시했다. 해양분쟁으로 인해 주요 전략물자(석유, 천연가스, 철광석) 수출입 차단으로 발생되는 생산손실액을 3개의 시나리오(전략물자 비축일, 비축일 10일 경과, 비축일 20일 경과)를 상정하여 제시했고, 그 효과 정도를 실감할 수 있도록 한국의 연간 예산과 국방비 및 해군 전력투자비와 비교분석 했다.

이후 최성규의 '동아시아 해상교통로 차단이 한국경제에 미치는 영향'(2006)과 이용천의 '서남 해상교통로 차단이 한국경제안보에 미치는 영향'(2009) 등 학위논문을 중심으로 후속 연구들이 진행되었으나, 그들

---

68 최영찬, "동아시아 해양분쟁 발발이 한국경제에 미치는 영향에 관한 연구: 동맹전이 이론과 산업연관분석을 중심으로", 『해양전략』 128호(2005), pp. 121~210.

의 연구는 최영찬의 연구와 유사한 방법으로 원유, 천연가스 등 전략물자의 생산손실액과 물가 파급효과를 비축일을 기준으로 측정했고, 그 비교도 국가 총예산과 국방예산과 비교했다.

최영찬은 '해상교통로가 국민경제에 미치는 영향 연구'(2020)[69]를 통해 자신의 연구를 한 단계 발전시켰다. 그는 엘만과 페인이 『해상봉쇄와 해양력: 전략과 대(對)전략들』(*Naval Blockades and Seapower: Strategies and Counter- Strategies, 1805-2005*)(2006)에서 제시한 해상봉쇄 소요기간을 중심으로[70] 수출차단 시 총 손실액과 인원(생산손실액, 부가가치손실액 및 고용손실인원), 주요 4대 항로 및 품목별로 손실액과 인원을 구체화했다.

본 연구도 해상봉쇄 효과를 측정하기 위해 산업연관분석을 사용했다. 또한, 수출차단 시 총 손실액, 주요 4대 항로별 손실액 등 한국경제에 미치는 영향을 구체적으로 제시했다. 따라서, 이 책은 최영찬의 연구와 맥락을 같이 한다고 할 수 있다. 하지만, 이 책에서는 통계 분석방법을 활용하여 해상봉쇄의 유용성을 정량적으로 제시했고, 전시 물동량에 관한 연구 성과물들이 제시하고 있는 전시 해상물동량 수준에 따라 그 경제적 효과를 산출함으로써 보다 실증적인 측면을 보완했다.

---

69 최영찬, "해상교통로가 국민경제에 미치는 영향 연구", 『합동군사연구』 30호(2020.6), pp. 6~46.

70 엘만과 페인은 18개 해상봉쇄 사례를 분석하면서 그 기간을 최소 7일부터 최대 13년으로 제시했다.

제3장

연구방법 및 측정

제1절 해상봉쇄 유용성 검증 분야

1. 유용성 검증기준 검토

국가, 또는 국가 대표의 입장에서 군사력 운용방법을 결정하는 문제는 매우 중요한 사안이다. 그 이유는 어떠한 방법을 선택하는가에 따라 국가목표 달성 정도, 감수할 수 있는 희생 정도 등이 달라지기 때문이다. 따라서, 국가는 군사력 운용방법을 결정하고 시행하는 데 있어 여러 가지 준거들(criterias)을 고려하게 된다. 이 준거들은 해상봉쇄의 유용성을 측정할 수 있는 중요한 척도가 될 수 있다. 왜냐하면, 해상봉쇄도 군사력 운용방법 중 하나이기 때문이다.

군사력 운용방법의 하나인 해상봉쇄의 유용성을 검증하기 위한 준거들은 전략가가 전략을 수립 및 시행하는 과정 전반에 걸쳐 지속적이고 반복적으로 그 타당성을 평가(assessing validity)해야 하는 최소한의 요소들[1]

---

[1] Throughout the strategy development process, strategists must continuously assess and reassess their's validity. Multiple factors can affect a strategy's prospects for sucessful implementation. Strategists should use several creteria allow them to use the "…ilities" tests,

로부터 도출할 수 있다. 왜냐하면, 본 연구의 분석수준이 작전·전술적 수준에서 해상봉쇄의 유용성을 논의하는 것이라기보다는, 국가 차원의 목적달성을 위한 군사적 수단으로 얼마나 유용한가를 논의하는 것이기 때문이다.

전략가가 전략 수립과 시행 과정에서 최소한으로 고려해야 할 요소는 적합성(suitability), 실행 가능성(feasibility), 수용성(acceptability)이다. 적합성은 전략이 요망 목표를 달성할 것인지를 판단하는 것으로 국가이익을 보호 및 증진하고, 요망 목표를 달성할 수 있는지를 판단하는 요소이다. 실행 가능성은 국가가 제한된 비용을 부담할 수 있는지를 평가하는 요소로 목표달성을 위해 충분한 가용자원이 있으며, 필수자원과 대중적 지원은 장시간 유지될 것인가, 국가경제는 우선순위가 높은 다른 목표를 위태롭게 하지 않으면서 전략적 노력에 필요한 모든 비용을 감수할 수 있는가의 문제이다. 또한, 수용성은 목표를 달성했을 때 기대이익이 예상비용을 초과하는가, 실행계획이 국가적 가치, 민족정서, 국내 관심, 동맹국 이익, 정치지도자의 목표에 부합되는가의 문제이다.[2]

여기서 적합성이란, 목표달성 정도(degree of goal achievement)를 나타내는 효과성(effectiveness)을 의미하며, 실행 가능성과 수용성은 최소한의 투입으로 기대하는 산출을 얻는 효율성(efficiency)을 의미한다고 볼 수 있다. 따라서, 위 세 가지 요소들은 목표달성 여부를 판단하는 효과성과 목표를 달성하는 데 있어서 효율성을 추구하는 개념으로 전략 수립 및

---

which allow them to evaluate the strategy from multiple vantage points. There are several versions of the "…ilities," but at a minimum, strategist should begin by considering. 합동군사대학교 역, 『美 Joint Doctrine Note 1-18. 전략 Strategy』, p. Ⅳ-2.

2   합동군사대학교 역, 『美 Joint Doctrine Note 1-18. 전략 Strategy』, pp. Ⅳ-2~3.

시행 과정에서 반드시 고려해야 할 요소이다.

분쟁 시 국가가 어떤 군사행동을 실시해야 하는지 결정하는 것은 전략 수립 및 시행 과정에서 전략가가 숙고해야 할 매우 중요한 문제이다. 왜냐하면, 군사행동은 전략목표를 달성하기 위해 매우 중요한 수단이기 때문이다. 군사행동은 전략가가 목표하는 바를 달성하게 해줄 수 있지만, 그러한 목표를 달성하기 위해 소요되는 비용과 손실도 요구한다. 따라서, 잘 선택된 군사행동이란 목표달성과 목표달성 과정에서 발생하는 비용과 손실을 감수할 수 있는 것을 말한다. 즉, 효과성과 효율성은 군사행동을 결정하는 중요한 기준이 되며, 이를 고려하여 선정된 군사행동은 전략 수립 및 시행의 성패를 담보하게 된다.

그렇다면 군사행동의 효과성과 효율성을 측정할 수 있는 대표적인 준거들은 무엇이 있을까? 목표달성은 군사행동의 효과성을 나타낼 수 있는 가장 중요한 준거라 할 수 있다. 왜냐하면, 목표달성은 군사행동을 시행하는 근본적인 원인이 되기 때문이다. 효율성을 나타낼 수 있는 준거로는 인명손실(명)과 분쟁 소요기간(일)을 상정할 수 있다. 인명손실(명)과 분쟁 소요기간(일)은 과거에서 현대전에 이르기까지 중요한 요소였고, 미래의 분쟁에서도 그 중요성은 더욱 커지고 있기 때문이다.

분쟁을 수행하는 국가에게 이 두 요소는 전쟁에서의 정당성(justice in war)[3]을 담보해줄 수 있는 중요한 요소이다. 정당성 확보가 중요한 이유는 만일 정당성을 가지고 있지 않은 채 분쟁을 시작했을 경우, 국제적 여론의 반대와 더불어 자국민들의 반대에도 부딪히게 된다. 엄청난 수

---

[3] 전쟁에서의 정당성은 전쟁을 정당한 수단과 방법을 이용하여 수행하는 것을 의미한다. 전쟁에서의 정당성은 전쟁에 지대한 영향을 미치게 된다. Michael Walzer, *Arguing about War* (Connecticut: Yale University Press, 2004), pp. 11~13.

의 인명이 살상되고, 이 과정에서 많은 무고한 수의 인명이 살상되는 가운데 분쟁이 수행된다면, 국내외에서 발생되는 반전여론 등 부수적인 요소들까지 신경을 써야 하는 상황을 맞이하게 될 것이기 때문이다. 또한, 이와 관련된 책임은 분쟁을 수행하는 정치가뿐만 아니라 분쟁을 수행하고 있는 군인들이 짊어져야 한다. 기본적으로 분쟁수행의 틀은 정치가들이 결정하고, 그 과정에 있어 중심적인 역할을 하는 것은 군인들이며, 결국 이들에게 영향을 미치는 요소는 국민(여론)이다.

분쟁에서의 정당성을 부여하는 주체는 국민이며, 인명손실과 분쟁 소요기간은 클라우제비츠의 전쟁의 3요소 중 국민(여론)의 영역에 영향을 미치는 요소이다.

인명손실(명)과 분쟁 소요기간(일)을 주요 준거로 선정한 또 다른 이유는 분쟁 수행환경의 변화 때문이다. 앨빈 토플러(Alvin and Heidi Toffler)가 그의 저서 『전쟁과 반전쟁』(War and Anti-War)에서 언급했듯이, 인류는 분쟁에서 많은 인명손실(명)과 막대한 전비를 소모해야만 했다.[4] 따라서, 인류는 분쟁에서 적 군사력의 완전한 파괴 또는 영토의 점령에 의한 절대적 승리를 추구하기보다, 자국의 의지를 상대방에게 강요하는 현대의 분쟁관을 추구하게 되었고, 이로 인해 분쟁양상은 변화되었다. 또한, 국가 간 상호의존성과 연관성 증대로 지리적인 국경선이 무색하게 되면서, 분쟁은 단지 단일국가 간 정치적 목적을 달성하기 위한 투쟁이 아닌 여러 국가의 국가이익과도 연관된 것이 되었다. 이는 각 국가가

4　앨빈 토플러는 1945년 이후 세계에서 발생한 전쟁과 내전은 150~160회에 이르며 부상자를 제외한 사망자는 군인 720여만 명을 포함, 3,300~4,000여만 명에 이른다고 언급했다. 또한, 1945년부터 1990년 전체 2,340주 중에서 지구상에서 전쟁이 없었던 기간은 3주에 불과하다고 주장했다. Alvin and Heidi Toffler, *War and Anti-War* (Boston: Little, Brown and Company, 1993), pp. 13~14.

분쟁을 선포하고 진행하는 데 있어 정당성과 투명성을 추구하도록 만들었다.

특히, 분쟁 수행 시 인권과 인간안보의 중요성을 추구하는 경향은 국가가 분쟁이라는 정책수단을 사용하는 데 있어, 군사행동의 조심성을 강요하고 제한하도록 만들었다.

과거 전쟁사례에서도 증명되었듯이, 분쟁에서 많은 인명손실(명)과 분쟁 소요기간(일)의 증대로 인한 국가 불안정과 경제적 악영향은 반전 여론을 형성해왔으며, 이는 국가지도자의 정치적 부담으로 작용했다.

특히, 분쟁 소요기간(일)의 증가는 국가 불안정과 경제적 악영향을 미쳤다. 국제위기 행동 데이터(International Crisis Behavior dataset)[5]를 활용하여 분석한 결과, 위기가 전쟁으로 진행(escalation)되어갈수록 전반적으로 한 국가의 정치(폭력행위 및 정부 불안정), 경제 및 사회적 상황(생필품의 부족, 생활비용의 증가, 식료품 값의 상승)은 현저하게 불안정(significant increase during relevant period preceding the crisis)해질 가능성이 1.3~1.7배 증가한다는 사실[6]은 전쟁기간의 증가로 인해 국가가 정치·경제적으로 불안정해질 가능성을 대변해주고 있으며, 이는 정치가가 고려해야 할 주요 요소로 평가된다.

결국, 분쟁을 수행하는 국가는 분쟁에서의 정당성을 달성하면서 효과적이고 효율적으로 자국의 의지를 상대방에게 강요할 수 있는 전략적

---

5 ICB 프로젝트는 1975년 미 듀크대학과 사우스캘리포니아 대학에서 1918년부터 2015년까지 위기사례를 연구하여 데이터뱅크화했다. ICB 데이터셋(dataset)은 https://sites.duke.edu를, 위기강도와 불안정지표는 Michael Brecher & Jonthan Wilkenfeld, et al., *International Crisis Behavior Data Codebook, Version 12* (23 August, 2017)를 참조할 것.

6 김종하·김남철·최영찬, "북한의 대남 회색지대 전략: 개념, 수단 그리고 전망", 『한국군사학논총』 10집 1권 통권 19호(2021.6), p. 39.

수단을 찾아야 했다. 이에 따라 다수의 분쟁사례에서 우세한 해양력을 가진 국가는 정당성을 확보하면서 상대방을 효과적이며 효율적으로 강압할 수 있는 수단으로 해상봉쇄를 추구해 왔다.

성공적인 군사행동은 수용 가능한 비용으로 추구하는 결과를 달성하는 것이다. 어떤 측면에서건 적합성, 실행 가능성 및 수용성, 즉, 정책이나 전략의 효과성과 효율성에 대한 전망이 나아지지 않거나 악화의 기로에 있다면 반드시 대체방안을 모색해야만 한다. 따라서 목표달성비(比), 인명손실(명), 분쟁 소요기간(일)은 지속적으로 평가해야 할 지표라 할 수 있으며, 해상봉쇄의 유용성을 검증할 수 있는 중요한 지표라 할 수 있다.

위 검토를 바탕으로 해상봉쇄의 유용성 검증기준을 목표달성비(比), 인명손실(명) 및 분쟁 소요기간(일)의 세 가지로 선정했다. 분쟁 시 국가정책 수단으로서 해상봉쇄의 실행은 국가가 추구하는 정책 또는 전략목표를 달성할 수 있어야 하며, 그 목표를 달성하는 데 있어 인명손실(명)과 분쟁 소요기간(일) 등 소요되는 희생을 수용할 수 있는 것이어야 한다. 따라서, 해상봉쇄의 유용성은 국가가 추구하는 목표달성비(比), 인명손실(명) 및 분쟁 소요기간(일)에 따라 차별적일 것으로 전제된다.

2. 각 변수들에 대한 정의

국가 간 군사적 분쟁 프로젝트에서 제시된 군사행동의 의미는 "정부가 권한을 부여한 행동(governmentally authorized action) 또는 국가의 공식

군대 또는 정부 대표(국가원수, 외교부장관 등)가 취하는 공공연한 행동"[7]으로, 그 강도에 따라 〈표 3-1〉과 같이 군사적 위협(threat of force), 군사력 현시(display of force), 군사력 사용(use of force), 전쟁(war)과 이에 포함된 14개의 세부 군사행동으로 구분된다.

군사행동은 "각 국가가 분쟁 중 서로에게 취한 가장 높은 수준의 행동"(highest action taken by state A, B across all incidents)을 말하며, 각각이 의미하는 바는 국가 간 군사적 분쟁 코딩 매뉴얼에서 확인할 수 있다. 먼저,

〈표 3-1〉 군사행동의 강도에 따른 세부 군사행동

대분류	소분류
군사적 위협(threat of force)	• 군사력 사용 위협(threat to use force) • 봉쇄 위협(threat to blockade) • 영토점령 위협(threat to occupy territory)
군사력 현시(display of force)	• 군사력 과시(show of force) • 경계태세 변경(alert) • 군사력 동원(mobilization) • 국경 강화(fortify border) • 국경에서 폭력행위(border violation)
군사력 사용(use of force)	• 해상봉쇄(naval blockade) • 영토점령(occupation of territory) • (인질이나 재산의) 압류(seizure) • 공격(attack) • 충돌(clash)
전쟁(war)	• 전쟁(war)

출처: https://sites.psu.edu/midproject/의 "Incident Coding Manual," p. 4의 Incident Type를 참고하여 연구의 목적에 맞게 재정리했음.

---

[7] a militarized incident is an overt action taken by the official military forces or government representatives of state (head of state, foreign minister, etc.) https://sites.psu.edu/midproject/의 "Incident Coding Manual," pp. 1~2.

군사적 위협에 속하는 '군사력 사용 위협'은 한 국가가 정규 군대를 사용하여 다른 국가의 영토를 침범하거나 군대를 공격하는 위협이며, '봉쇄 위협'은 일부 또는 완전한 출입을 막기 위해 정규 군대를 사용하여 다른 국가의 영토를 봉쇄하려는 위협을 말한다. '영토점령 위협'은 한 국가가 허가 없이 다른 국가의 영토의 전부 또는 일부를 차지하기 위해 군사력을 사용한다는 위협을 의미한다.[8]

군사력 현시에 속하는 '군사력 과시'는 다른 국가를 위협하려고 의도했지만, 실제 전투작전은 관여하지 않은 자국 군대를 공개하거나 이를 활용하여 시위하는 행위이다. 비일상적인 기동훈련과 군사훈련, 다른 국가의 영해 밖에서의 해상순찰, 다른 국가의 영해나 공역을 의도적으로 침범하는 행위 등이 그 예이다. '경계태세 변경'은 정규군의 군사 준비태세 강화, '군사력 동원'은 예비 전력의 전체 또는 일부를 소집하는 것이다.

'국경 강화'는 국경지역 내 또는 접경지역의 군사 전초기지 건설, 비규칙적인 강화를 통해 국경지역에 대한 통제권을 공개적으로 과시하려는 명백한 시도로, 주 행위자가 정책을 변경하도록 압력을 가하기 위한 경우에만 해당된다. '국경에서 폭력행위'는 한 국가의 영토나 인구에 큰 피해를 주지 않고 한, 국가의 군사력에 의해 24시간 미만의 기간 동안 영토의 경계를 넘는 행위를 말하며, 이는 실제로 군사력이 사용되지 않고 장기간 영토점령이 이루어지지 않기 때문에, 무력 사용이라기보다는 과시용으로 구분된다.

---

8   군사적 위협 중 선전포고 위협(threat of declear war)도 포함되어 있다. 의미는 한 국가가 다른 국가에 대해 공식적으로 전쟁을 선포할 수 있는 위협을 말한다. 본 연구에서는 선전포고 위협의 사례 수가 적기 때문에 유사한 군사행동인 영토점령 위협에 포함했다.

군사력 사용에 속하는 '해상봉쇄'는 상품이나 인력의 출입을 막을 목적으로 다른 국가의 영토를 부분적으로 또는 완전히 봉쇄하기 위해 한 국가가 군사력을 사용하는 것이며, '영토점령'은 한 국가가 24시간 이상 동안 다른 국가의 영토의 전부 또는 일부를 점령하기 위해 군사력을 사용하는 것이다.

'압류'는 다른 국가의 재산 또는 인원의 압류를 말하며, 그 대상은 다른 국가의 군대와 정부 공무원, 군비, 군사장비, 금융자산, 정부 문서와 같은 것들을 포함된다. '공격'은 다른 국가의 군대, 인구 또는 영토를 공격하기 위해 국가의 정규 군대를 사용하는 행위이며, '충돌'은 두 개 이상의 국가 정규군 사이에 발생하는 지속적인 군사적 충돌을 말한다. 충돌은 본질적으로 상호 적대감 속에서 실시된다는 점에서 일방적 행동인 공격과 다르다.

'전쟁'은 두 개 이상의 국가 사이의 전쟁 발발, 즉 전투가 지속되어 군인의 사망이 1,000명 이상 발생한 것을 의미한다. 전쟁에는 한 국가가 전쟁 상태를 공식 선언하는 것을 의미하는 선전포고를 포함한다.

본 연구의 해상봉쇄 유용성 검증기준은 목표달성비(比), 인명손실(명), 분쟁 소요기간(일)이다. 여기서 목표달성은 국가 간 군사적 분쟁 프로젝트에서 제공하는 분쟁결과의 형태(outcome type)와 분쟁의 해결형태(settlement type)를 통해 그 달성여부를 판단할 수 있다. 왜냐하면, 국가 간 군사적 분쟁에 제시된 군사행동은 정부의 공식적인 행동으로 국가정책 수단으로 사용되었음을 의미하고, 그 결과는 국가정책 목표달성 여부를 제시해줄 수 있기 때문이다.

국가 간 군사적 분쟁 데이터는 군사행동의 형태뿐만 아니라, 분쟁 결과의 형태(outcome type) ― 승리(victory), 패배(yield), 교착(stalemate), 협상

(compromise), 해방(released), 명확하지 않음(unclear) — 에 대한 정보도 제공하고 있는데, 이를 분석해보면 군사행동이 목표를 달성한 것인지 아닌지를 분석할 수 있다. 분쟁결과 형태의 정의를 살펴보면 더욱 명확히 알 수 있다.

'승리'는 한 국가가 현상을 우호적이며 유리하게 바꾸는 것으로 정의된다. 유형적으로 영토의 점령, 적국의 외교정책의 중대한 변화, 무력에 의한 타 국가의 정치체제 붕괴 등을 말한다. 이는 군사행동을 시행하여 상황을 자신에게 우호적인 상태로 변화할 수 있도록 강제하는 것을 말한다.

'패배'는 분쟁 이전의 상태로 현상을 우호적으로 변화시키지 못하는 상태를 의미하며, '교착'은 군사행동이 분쟁 이전 상태로의 결정적인 변화를 만들어내지 못했거나, 어느 한쪽이 우호적인 상황으로 변화되지 않는 상태를 말한다.

'협상'은 분쟁 각 당사자들이 현상에 관해 일부 요구를 포기하거나 양보하기로 합의하는 상황이며, '해방'은 군사행동으로 인해 재산과 인원의 압류 상황이 해제되는 것이다. 끝으로 '명확하지 않은 상태'란 군사행동의 불분명한 결과를 나타낸다.[9]

분쟁결과의 형태 중 승리, 패배의 경우는 어느 국가가 승리했는지, 패배했는지를 명확히 알 수 있기 때문에 목표달성 여부를 용이하게 판단할 수 있으나, 해방의 경우는 분쟁의 해결형태(settlement type) — 교섭된(negotiated), 강제된(imposed), 없음(none), 명확하지 않음(unclear) — 를 기준으로 목표달성 여부를 재판단해 봐야 한다. 왜냐하면, 해방과 같은 분

---

9   https://sites.psu.edu/midproject/의 "Incident Coding Manual," pp. 5~6.

쟁결과의 형태의 경우는 그 자체만으로 두 국가 중 어느 국가가 목표를 달성했으며, 목표를 달성하지 못했는지를 판단할 수 없기 때문이다. 해방이 군사행동 시행국가에 의해 강제된 것인지, 아니면 단순한 사유에 의해 풀려난 것인지에 따라 목표달성 여부가 달라질 수 있다.

나머지 기준인 인명손실(명)은 군사행동 행위국과 대상국 군인들의 사망자 수를, 분쟁 소요기간(일)은 분쟁이 지속된 최대기간(maximum duration of dispute)을 의미한다.[10]

3. 해상봉쇄 유용성 검증방법 및 절차

Correlates of War(COW) 프로젝트에서는 국가 간 군사적 분쟁 데이터를 두 가지 형태로 제공한다. MID A는 국가 간 분쟁 하나당 한 개의 기록을 제공하며, MID B는 국가 간 분쟁 참가자당 하나의 기록을 제공한다. 즉, MID A는 분쟁 수준, MID B는 참가자 수준(국가 수준)의 기록을 의미한다. 본 연구에서는 참가자 수준(국가 수준)의 MID B 데이터를 활용했다.

그러나, MID B는 연구 검증에 필요한 데이터 중 목표달성 여부를 판단하는 데 필요한 분쟁의 결과를 제공하지 않는다. 또한, 분쟁 소요기간(일)도 제공하고 있지 않다. 따라서, MID A의 데이터에서 제공하는

---

10   https://www.correlatesofwar.org/의 "Code book for the Militarized Interstate Dispute Data, Ver. 4.0 (December 13, 2013)," p. 2.

분쟁의 결과와 기간을 MID B로 재입력하는 과정을 수행했다. 이후, 각 군사행동이 목표를 달성했는지 여부를 평가했다. 분쟁결과의 형태 중 승리(victory), 협상(compromise), 교섭과 강제에 의한 해방(released)일 경우 목표를 달성했다고 판단하여 1로, 나머지 패배(yield), 교착(stalemate), 특별한 사유 없이 또는 불분명하게 해방, 명확하지 않음(unclear)은 목표를 달성하지 못했다고 판단하여 0으로 코딩했다.

또한, MID B는 인명손실(명)을 정확히 기록할 수 있는 경우에는 구체적인 수치를, 정확한 수치를 파악하기 곤란한 경우에는 범주화하여 제공하고 있다. 인명손실(명)이 없는 경우 0, 1~25명인 경우 1, 26~100명인 경우 2, 101~250명인 경우 3, 251~500명인 경우 4, 501~999명인 경우 5, 1,000명 이상인 경우 6으로 범주화했다. 따라서, 본 연구에서는 정확한 수치를 제공하는 경우에는 그 값을, 범주화하여 제공하는 경우에는 평균 값을 적용하여 인명손실(명)을 측정했다. 또한, 전쟁의 경우 최대 인명손실(명)을 1,000명으로 상정했다.[11] 분쟁 소요기간(일)은 분쟁이 지속된 최대기간을 적용했다.

분석절차는 2개 분야에 대해 각 5단계로 구분하여 분석을 수행했다. 2개 분야는 대분류 군사행동에 대한 분석과 소분류 군사행동에 대

---

11 통상 전쟁은 1,000명 이상의 인명손실(명)이 있는 분쟁을 말하며, MID B 데이터에서도 이를 적용한다. 역사적으로 발생했던 전쟁에서 1,000명 이상의 인명손실(명)이 있었던 사례는 수없이 많다. 그러나, MID B 데이터에서는 최대인명 손실을 1,000명으로 제공하고 있으므로, 이 데이터는 실제 인명손실(명)보다 적을 수는 있겠으나, 인명손실(명) 최댓값을 1,000명으로 한정하더라도 각 군사행동들 간 인명손실(명)의 적고 많음을 상호 비교분석하고자 하는 본 연구의 목적을 충분히 달성할 수 있다고 판단했다. 왜냐하면, 전쟁은 각 국가들이 취할 수 있는 군사행동 중 최후의 수단이고, 실제 조사결과에서도 전쟁 이외의 군사행동들의 인명손실(명)이 1,000명을 훨씬 하회했기 때문이다.

한 분석이다.[12] 5단계는 먼저, 국가 간 군사행동에 관련한 일반적 특성을 살펴보기 위해 빈도분석을 실시했다.

두 번째 단계는 각 군사행동들과 목표달성 간에 차이를 분석하기 위해 교차분석 중 카이제곱 검정[13]을 실시하여 목표달성에 유의미한 차이가 있는지 검증했다. 이때 유의수준은 a=.05로 설정했고, 빈도분석, 교차분석 및 카이제곱 검정을 위해 분석도구는 SPSS 프로그램을 사용했다.

세 번째 단계는 각 군사행동들의 목표달성에 대한 영향력을 판단하기 위해 교차비(오즈비, Odds Ratio, OR) 분석[14]을 실시했다. 교차비 분석

---

12 여기서 대분류 군사행동은 군사행동 없음(no militarized action), 군사적 위협(threat of force), 군사력 현시(display of force), 군사력 사용(use of force), 전쟁(war)을 말하며, 소분류 군사행동은 대분류 군사행동 각각에 포함된 세부 군사행동인 군사행동 없음(no militarized action), 봉쇄 위협(threat to blockade), 영토점령 위협(threat to occupy territory), 군사력 과시(show of force), 경계태세 변경(alert), 군사력 동원(mobilization), 국경 강화(fortify border), 국경에서 폭력행위(border violation), 해상봉쇄(naval blockade), 영토점령(occupation of territory), 인질/재산의 압류(seizure), 공격(attack), 충돌(clash), 전쟁(War)이다.

13 교차분석은 각 변수들이 서로 독립적인지, 아니면 어떤 연관성이 있어서 영향을 주고받는지 알기 위한 분석방법으로 각 변수들이 명목척도일 경우 사용하는 분석방법이다. 교차분석은 특정 집단 간 빈도분포를 비교하기 위한 분석으로, 두 변수 간 교차빈도를 설명하는 교차표를 통해 기술통계를 제공할 뿐만 아니라 두 변수 간의 통계적 유의성을 검증해주는 데 사용된다. 특히, 통계적 유의성 검증 시 가장 많이 사용하는 기법이 카이제곱(chi-squire) 검정이다. 따라서, 카이제곱 검정은 교차분석 후 집단 간 차이가 유의한지를 판단하는 분석으로, 교차분석과 별개로 분석하는 것이 아니라 교차분석을 진행하면서 카이제곱 검정을 추가로 수행한다. 예를 들어 교차분석을 통해 '각 군사행동에 따른 목표달성 여부를 비교하면서 동시에 분석결과의 유의성을 카이제곱 검정으로 결과의 유의성을 판단'한다. 노경섭, 『제대로 알고 쓰는 논문 통계분석』(서울: 한빛 아카데미, 2019), pp. 172~192.

14 오즈(Odds)는 가능성, 비(Ratio)는 비율을 의미하므로 오즈비(Odds Ratio)는 가능성 비율을 말한다. 오즈비는 범주형 통계자료 분석에 활용되며, 사건발생 가능성을 예측하는 통계분석 방법인 로지스틱 회귀분석(logistic regression)에서 결과를 해석할 때 많이 사용한다. 오즈는 어떤 사건이 일어날 확률/어떤 사건이 일어나지 않을 확률이며, 오즈비는 두 오즈 간의 비율을 말한다. 예를 들어 해상봉쇄와 전쟁의 목표달성 여부를 분석한 결과, 오즈비가 5

〈표 3-2〉 교차표 작성 예시

구분		목표달성 여부		전체
		목표 달성	목표 미달성	
군사 행동	A (처리그룹)	54(28.9%) (a)	13(7.5%) (b)	67(18.6%)
	B (통제그룹)	133(72.1%) (c)	161(92.5%) (d)	294(81.4%)
	전체	187(100%)	174(100%)	361(100%)

은 〈표 3-2〉와 같은 교차표를 작성하고 [식 1]에 따라 오즈(Odds) 간 비율을 측정했으며, 처리그룹(A 군사행동)의 목표달성비가 통제그룹(B 군사행동)의 목표달성비에 비해 OR배(5배)로 해석했다.

$$교차비(OR) = A\ Odds(a/b)\ /\ B\ Odds(c/d) = a*d\ /\ b*c \quad \cdots [식\ 1]$$

$$(54*161\ /\ 13*133 = 5)$$

네 번째 단계에서는 각 군사행동이 시행되었을 때, 인명손실(명)과 분쟁 소요기간(일)의 산술평균 값을 산출하여 비교했다.

끝으로, 목표달성비(比), 인명손실(명) 및 분쟁 소요기간(일) 값을 비교하여, 해상봉쇄의 유용성을 종합적으로 판단하고 논의했다.

일 때, "해상봉쇄가 전쟁에 비해 목표달성비(比)율이 5배 크다" 정도로 해석한다. 오즈비는 한 가지 상황에 대한 가능성이 아니라 2개 이상의 변수가 있는 상황에서의 가능성을 의미하므로 교차비율 또는 교차비라고도 하며, 일반적으로 두 변수 사이의 관계를 나타내며 큰 값을 가질수록 어떤 사건이 일어날 가능성 여부를 예측하는 데 더 좋은 변수로 활용된다. 교차비는 1 이상의 값을 가지며, 오즈비 〉1의 경우는 어떤 가능성이 ○○배 높음으로, 오즈비 〈 1의 경우 가능성이 ○○배 낮음으로, 오즈비 = 1일 경우 가능성이 같다로 해석한다. Odds Ratio에 관한 설명은 노경섭, 『제대로 알고 쓰는 논문 통계분석』, p. 271; 이학식 · 임지훈, 『SPSS 24 매뉴얼』(서울: 집현재, 2018), pp. 384~387을 참조할 것.

제2절 해상봉쇄의 경제적 효과 측정 분야

1. 해상봉쇄의 경제적 효과 측정요소 및 방법

이 책에서 산출하고자 하는 해상봉쇄의 경제적 효과는 직접효과와 파급효과이다. '직접효과'는 수출품을 각 국가에 판매한 금액, 즉 수출액을 말한다. '파급효과'는 그 수출품을 생산하기 위해 한국경제 각 부문에 유발한 생산과 부가가치액 및 고용인원을 말한다. 생산유발액과 부가가치유발액 및 고용유발인원은 해상봉쇄로 수출이 차단되면 발생하지 않으므로, 이를 생산유발손실액, 부가가치유발손실액 및 고용유발손실인원으로 간주할 수 있다.[15]

해상봉쇄로 수출 차단 시 직접효과는 2019년 관세청과 무역협회 자료를 수집하여 산출했다.[16] 파급효과인 생산유발손실액, 부가가치유

---

15 수출로 인해 발생하는 생산유발액, 부가가치유발액과 이를 산출하기 위한 각 유발계수들은 수출이 차단될 경우 발생하는 손실액 및 손실계수와 같으므로, 손실액, 손실계수란 용어를 사용했다.

16 한국은행 산업연관표의 수출입 통계는 관세청과 무역협회자료를 근거로 산업연관표 작성 원칙에 맞게 가공하여 작성하고 있다. 한국은행, 『2015년 산업연관표』, p. 34.

발손실액 및 고용유발손실인원은 2019년 한국은행 산업연관표의 산업연관계수 — 생산유발계수, 부가가치유발계수, 고용유발계수 — 를 활용하여 산출했다. 생산유발계수는 최종수요가 1단위 증가 시, 각 산업부문에서 유발되는 직간접적인 생산 파급효과를 나타내는 단위계수이다. 따라서, 생산유발계수는 해상봉쇄로 인해 수출 차단 시 생산유발손실액을 산출할 수 있는 분석지표로 활용할 수 있다.

산업연관표에서는 공급능력과 노동력 등은 충분하다고 암묵적으로 가정하고 있으며, 최종수요 변동이 국내생산의 변동을 유발하고, 생산활동에 의해 부가가치가 창출되므로 결과적으로 최종수요 변동이 생산과 부가가치를 변동시키는 원천으로 간주한다. 따라서 산업연관표의 생산유발계수, 부가가치손실계수, 고용유발손실계수를 이용하면, 최종수요에 따른 생산유발손실액, 부가가치유발손실액 및 고용유발손실인원을 산출할 수 있다.

한국은행의 산업연관표에서는 이 책에서 산출하고자 하는 생산유발손실액,과 부가가치유발손실액 및 고용유발손실인원을 포함하여 각종 파급효과를 측정할 수 있도록 생산유발계수표, 부가가치유발계수표 등을 행렬(Matrix) 형식으로 제공하고 있어, 한국의 수출 최종수요와 관계를 활용하면 각종 효과를 산출할 수 있는 장점이 있다. 생산유발손실액, 부가가치유발손실액 및 고용유발손실인원 산출방법에 대해 보다 구체적으로 살펴보면 다음과 같다.

우선, 생산유발손실계수는 수출 최종수요가 한 단위 증가 시 각 산업부문에서 직·간접적으로 손실되는 계수로, 산업부문 수가 많은 경우, 투입계수를 매개로 하여 무한대로 계속되는 생산손실 효과를 일일이 계산하는 것은 현실적으로 거의 불가능하다. 이 문제 해결을 위해 역

행렬이라는 수학적 방법을 이용하여 계산하게 되는데 이것이 생산손실계수이다. 따라서, 최종수요 변동이 각종 손실액의 원천이라는 산업연관분석의 기본원리를 이용하면 생산유발손실액을 산출할 수 있다.

산업연관분석의 기본원리를 이용하여 수출 차단으로 인해 발생하는 생산손실액은 생산유발손실계수에 수출 최종수요를 곱하여 산출할 수 있다. 손실액 산출에 필요한 최종 수요액은 관세청과 무역협회 자료에서, 생산손실계수는 한국은행 산업연관표에서 측정했다.

부가가치유발손실액도 산업연관표의 부가가치손실계수를 활용하여 산출할 수 있다. 최종수요 발생에 의해서 생산이 유발되고, 그 과정에서 부가가치도 창출된다. 즉, 최종수요의 발생이 부가가치를 창출하는 근원이라고 할 수 있다.[17] 따라서, 부가가치유발손실액은 최종수요와 부가가치손실계수(생산유발손실계수에 부가가치율의 곱)를 곱하여 산출이 가능하다. 손실액 산출에 필요한 최종 수요액은 관세청과 무역협회 자료에서, 부가가치유발손실계수는 산업연관표에서 측정했다.

고용유발손실인원을 산출하기 위해서는 고용을 유발하는 계수인 생산유발손실계수를 활용한다. 즉, 고용유발손실계수는 생산유발손실계수에 고용계수를 곱하여 산출할 수 있다. 여기서 고용계수는 노동계수의 하나로 피용자(임금근로자)만 고려한 계수를 의미한다. 노동계수는 일정 기간 동안 생산활동에 투입된 노동향을 총 산출액으로 나눈 계수로, 한 단위(산출액 10억 원)의 생산에 직접 필요한 노동량을 말한다. 노동량에 피용자(임금근로자)만 포함한 노동계수를 고용계수로, 피용자와 자영업주 및 무급가족종사자를 모두 포함한 노동계수를 취업계수라고 한

---

17   한국은행, 『2015년 산업연관표』, p. 26.

다. 따라서 고용유발손실계수는 산출액 10억 원 생산에 필요한 고용유발손실인원을 의미한다.[18] 결국, 고용유발손실인원은 수출의 최종수요(10억 원당)에 고용유발계수를 곱하여 산출하게 된다.

2. 해상봉쇄의 경제적 효과 측정 절차

해상봉쇄 영향은 3개 분야로 나누어 측정했다. 한국의 전체 수출이 봉쇄되었을 경우, 한국의 해상교통로 전체가 봉쇄되었을 경우 및 각 해상교통로(한일, 한중, 남방 및 북방항로)가 봉쇄되었을 경우가 그것이다. 그리고 각 분야별로 수출이 완전히 봉쇄되는 경우(1안), 55% 봉쇄되는 경우(2안, 국가기능 발휘를 위한 최소한의 전시 물동량) 및 67% 봉쇄되는 경우(3안, 전시 예상 물동량)를 상정했다. 구체적인 절차는 다음과 같다.

먼저, 한국의 전체 수출이 봉쇄되었을 때, 각 수출항목별 손실을 관세청과 무역협회 자료를 활용하여 측정했다. 하지만, 이는 해상교통로 봉쇄로 인한 손실은 아니기 때문에, 4대 해상교통로가 봉쇄됨으로 인해 발생되는 손실을 다시 측정할 필요성이 제기되었다.

둘째, 관세청과 무역협회 자료를 바탕으로 한국의 전체 수출액 중 해상교통로를 통해 수출되는 각 수출항목별 수출이 얼마인지 측정했다. 관세청과 한국무역협회 자료에서는 각 국가별 수출액을 제공하고 있으므로, 이를 해상교통로별로 그룹화하고, 항로별 수출액을 구체화했다.

---

18 한국은행, 『2015년 산업연관표』, p. 123.

셋째, 한국의 수출이 봉쇄되었을 경우, 그 효과를 직접효과와 파급효과로 구분하여 측정했다. 직접효과는 수출액을 그대로 사용했다.[19] 파급효과는 산업연관계수 — 생산유발계수, 부가가치유발계수, 고용유발계수 — 를 활용한 수출제한 시 경제적 파급효과를 측정했고, 직접효과와 파급효과를 합하여 최종 손실액을 제시했다.

산업연관계수를 활용한 수출제한 시 경제적 파급효과 — 생산유발손실액, 부가가치유발손실액, 고용유발계수 — 를 측정하기 위해 관세청과 한국 무역협회에서 제공하는 수출품목 항목과 2019년 한국은행 상품분류표 중 대분류 항목(33개)을 연결했다.[20] 이는 2019년 산업연관표에서 제공하는 각 수출품목들의 유발계수를 도출하기 위한 절차이다. 이 절차를 통해 각 수출품목별 생산유발손실계수, 부가가치유발손실계수 및 고용유발손실계수를 2019년 한국은행 산업연관표를 이용하여 도출했다. 도출된 유발손실계수들과 앞서 관세청과 무역협회 자료를 통해 측정한 각 수출품목별 최종소요액을 곱하여 파급효과를 산출했다.

끝으로, 해상봉쇄 효과가 어느 정도인지를 체감할 수 있도록 세 가지 시나리오(100% 봉쇄, 55% 봉쇄, 67% 봉쇄)별로 손실액과 인원을 측정하고, 이를 국가경제의 주요 지표들과 비교분석 했다.

---

19 관세청과 한국 무역협회에서 제공하는 수출액은 미국 달러(1,000단위)로 제시되어 있으므로, 이를 2019년 12월 31일 기준 환율 1,151원을 적용하여 원화로 환산했다. 이는 산업연관표가 원화(백만 원 단위)로 그 수출액을 적용하고 있고, 한국은행에서도 '무역통계에서 재화의 수출입은 모두 미국 달러화로 표시되어 있으므로 원화로 환산하기 위해서는 적정 환율을 적용'하는 원칙에 따른 것이다.

20 2019년 한국은행 상품분류표는 2015년 상품분류표를 적용하여 대분류(33개), 중분류(83개), 소분류(165개), 기본부문(381개)으로 구분하여 제시하고 있다. 한국은행, 『2015년 산업연관표』, pp. 272~292.

제4장

주변국 해양정책과 해상봉쇄 위협 분석

본 장에서는 주변국 중 해양에서 우리와 국가이익을 놓고 경쟁하고 있는 국가인 중국과 일본의 해양정책과 해상봉쇄 위협에 대해 분석했다. 각 국가의 해양정책과 한국 해상교통로 봉쇄 위협은 능력(capability)과 의지(willingness) 두 가지 측면에서 분석했다.[1] 그 이유는 한국을 둘러싼 주변국가들의 급성장과 이에 따른 군사력 증강 등 신장된 능력은 우리에게 위협으로 인식될 수 있기 때문이다. 아울러, 신장된 능력에 이를 시행하고자 하는 정치적 의지가 더해지면, 그 위협은 행동으로 이어질 수 있는 조건을 갖추게 되어 우리에게 직접적이며 가시적으로 나타나게 될 것이다.

본질적으로 위협은 방자(防者)의 입장에서 공자(功者)에 대해 판단하는 개념이며, 공자가 어떠한 능력을 구비한 다음, 그 능력을 사용할 의지가 있을 때 사용하는 용어이다. 공자가 능력은 구비하고 있으나, 상대방을 공격할 의지가 없다면 위협적이지 않고, 상대방을 공격할 의지는 있으나, 공격할 수 있는 능력이 없어도 상대방에게 위협이 되지 못한다. 따라서, 위협은 단순히 능력만 보유하고 있는 것으로 성립하는 것이 아니라, 적어도 위협을 할 수 있는 능력과 의지가 동시에 충족되어야 하는 개념이다.

위협을 바라보는 시각은 다소 차이가 있으나, 국제정치를 설명하는 이론인 현실주의, 자유주의 및 구성주의 이론도 이 주장을 뒷받침한다. 각 이론들은 국제정치 현장이 무정부 상태이며, 각 국가들은 국제정치

---

[1] 데이비드 싱어(J. David Singer) 교수는 국제정치학에서 구체적인 위협인식에 관한 연구에 지대한 영향을 줬다. 싱어는 그의 논문에서 위협에 대한 인식이 궁극적으로 상대방의 능력과 의지에 대한 합리적인 함수임을 강조했다. J. Dvid Singer, "Threat-Perception and Armament Tension Dilemma," *Journal of Conflict Resolution*, Vol. 2, No. 1 (1958) 참조.

의 주요 행위자로 국익을 위해 합리적으로 행동한다는 핵심 가정을 공유하고 있다. 하지만, 국력 증강의 핵심요소라고 할 수 있는 군사력의 강화와 관련해서는 이견이 있다.

현실주의적 시각은 그 어떤 국가도 상대방의 의도를 정확하게 평가하는 것이 어렵기 때문에, 상대방이 어떤 의도를 가졌는지와 관계없이 군사적 능력의 보유 그 자체만으로도 위협이 된다고 인식한다. 군사력의 증강은 군사력 사용의 표현이 되며, 공격적인 군사력을 보유하게 된다면 더욱 위협적인 것으로 간주한다.[2]

반면, 자유주의적 시각은 국가의 능력보다 그 국가의 의도를 중요시한다. 한 국가의 군사력 증강 의도가 평화적이라면 위협이 되지 않으며, 반대로 평화적이지 않다면 위협적인 것으로 평가하고 있다.[3]

구성주의적 시각은 국가를 의지를 가진 하나의 인격체로 취급하며, 상대의 군사력 증강은 자국에게 위협이 될 수도 있고 그렇지 않을 수도 있다고 주장한다. 군사력을 증강하는 국가가 적성국 또는 경쟁국이면

---

2 상대방에 비해 군사력이 강한 국가는 갈등 및 분쟁 해결 시 자신의 이익과 선호에 부합된 결과를 획득 또는 협상에서 유리한 위치를 점하기 위해서 군사력 사용에 의존하기 쉽다. 무엇보다 영토주권과 같은 국가의 핵심이익과 관련해서는 군사력의 사용을 동반하게 될 개연성이 매우 높다. 강대국은 약소국과 분쟁을 수행할 때 힘의 상대적 우위를 통한 분쟁해결을 선호할 수 있고, 한 국가의 군사력 증강과 관련된 반작용적 균형화는 군사력 증강 등 상호 간의 경쟁을 초래하게 됨으로써 무력분쟁의 가능성을 더욱 증가시킬 수 있다고 주장한다. 존 J. 미어세이머 저, 이춘근 역,『강대국 국제정치의 비극』(서울: 나남출판, 2004), pp. 83~104; Susan G. Sample, "Military Buildups, War, and Realpolitik: A Multivariate Model," Journal of Conflict Resolution, Vol. 42. No. 2 (1998), pp. 156~175; Susan G. Sample, "Arms Races and Dispute Escalation: Resolving the Debate," Journal of Peace Research, Vol. 34. No. 1 (1999), pp. 7~22; Susan G. Sample, "The Outcomes of Military Buildups: Minor States vs. Major Powers," Journal of Peace Research, Vol. 39, No. 6 (2002), pp. 669~691.

3 서정경, "동아시아 지역을 둘러싼 미중관계: 중국의 해양 대국화를 중심으로",『국제정치논총』50집 2호(2010), p. 93.

위협이 되며, 동맹국 또는 우방국이라면 위협이 되지 않는 국가 간 관계의 정체성을 어떻게 정의하느냐가 위협을 판단하는 중요한 기준이 된다고 본다.[4] 따라서 동북아 주변국가들의 해양정책과 전략이 한국에게 위협적인가, 위협적이지 않은가를 판단하는 기준으로 주변국들의 능력뿐만 아니라 그 능력을 사용하고자 하는 의지를 선정한 것은 논리적인 것으로 평가한다.

분쟁에서 능력과 의지의 방정식인 위협은 일반적으로 상대방 국가의 취약점들에 지향되어왔다. 분쟁 시 상대방의 취약점에 국력을 집중하는 것은 효과적이며 효율적으로 자신의 의지를 관철할 수 있는 적합한 방법이다. 역사적으로도 분쟁 수행 시 각 국가들은 이 원칙을 따랐다. 따라서, 우리의 해상교통로가 갖는 취약점들은 강대국들이 자신의 능력과 의지를 발현할 수 있는 적합하고도 효과적인 대상이 될 가능성이 높다. 다만, 그 위협이 어느 정도인지는 주변 강대국들의 능력과 의지 정도에 따라 달리 평가될 수 있을 것이다.

---

4 군사력을 증강하는 국가가 적성국 또는 경쟁국이라면 위협이 되며 동맹국 또는 우방국이라면 위협이 되지 않는 것이다. 예를 들어, 한국에게 북한의 군사력 증강은 위협적이지만 미국의 군사력 증강은 위협적이지 않은 것이다. 왜냐하면, 적성국 또는 경쟁국의 군사력 증강은 유사시 아국에게 무력을 사용할 수도 있다는 의지를 표출한 것이지만 동맹국 또는 우방국의 군사력 증강은 아국에게 무력을 지원할 수 있다는 의미를 내포하고 있기 때문이다. 알렉산더 웬트 저, 박건영 외 역,『국제정치의 사회적 이론: 구성주의』(서울: 사회평론, 2009); 김열수,『국가안보: 위협과 취약성의 딜레마』(서울: 법문사, 2010), pp. 10~18; 최종건, "안보학과 구성주의: 인식론적 공헌도를 중심으로",『국제정치논총』49집 2호(2009), pp. 345~361.

제1절 중국의 해양정책과 해상봉쇄 위협

한국은 주변 강대국들과 경쟁과 협력관계를 유지해야 하고, 핵 전쟁의 위협을 가하고 있는 북한을 동시에 상대해야 한다. 따라서, 중국은 한국에게 미래 국가발전과 안보를 결정짓는 가장 중요한 변수이다. 최근 중국 경제의 급부상, 해양 팽창정책과 이에 따른 해군력 증강은 미국 주도의 동북아 국제관계의 판도를 급격하게 변화시키고 있는 주요 요인이 되고 있다.

특히, 공세적인 해양정책을 추진하고 있는 중국과 세계전략의 영향력 행사 기반을 해양에 두고 있는 미국과의 해양 패권경쟁은 동북아 역내 질서의 변화를 가져오고 있다. 이는 미국과 한·미동맹을 근간으로 안보를 유지해야 하며, 경제적 실익을 확대해나가야 하는 한국에게 '전략적 모호성'(strategic ambiguity)을 유지할 것인가, 아니면 어느 일방을 선택할 것인가에 대한 논쟁을 불러일으키고 있다. 결국, 한국은 중국과 미국으로부터 선택을 강요받고 있는 조심스러운 형국이 연출되고 있다.

여기서 관심을 가져야 하는 부분은 위의 논쟁과 선택 강요의 시발점이 해양과 해상교통로 확보 경쟁에서 비롯되고 있다는 점이다. 구민교는 동아시아 역내 국가들의 상호 간 영유권 분쟁으로 대표되는 갈등들이 미·중 간의 패권경쟁이라는 국제적인 이슈로 진화하고 있다고 언급하면서, 미·중 간의 해양패권 경쟁은 냉전 시 태평양과 인도양 제해권을 두고, 미국과 소련이 경험했던 전통적인 해양 군비경쟁과 다른 양상으로 진행되고 있다고 분석했다. 또한, 최근 매우 빠르게 진행되는 신(新)해양패권 경쟁은 과거의 단속적인 상태에서 탈피하여 상시적이며 거시적인 문제로 창발했다고 주장하고, 이 문제의 임계점은 2015년 여름부터 국제적 이슈로 등장한 중국의 남중국해 도서에 대한 인공섬 건설 및 군사기지화 정책이었다고 분석했다. 따라서 최근 미·중 간 패권 전략과 정책들을 해상교통로를 둘러싼 미·중 간 신해양패권 경쟁과 전개과정으로 평가했다.[5]

최근 중국의 중국몽(中國夢), 해양굴기(海洋堀起), 일대일로(一帶一路) 등 호언적인 언급들과 센카쿠열도(중국명 댜오위다오), 남중국해, 이어도, 서해 잠정조치수역 등에서의 공세적인 해양활동, 항모전투단 건설로 대표되는 해군력 증강은 이를 대변해주고 있다.

중국이 해양과 해상교통로에서 영향력 확대를 추구하고 있는 근본적인 이유는 중국의 핵심이익이 해양에 있다고 보기 때문이다. 중국 지도부가 해양의 중요성을 재인식하면서 해양전략 변화 필요성을 제기하게 된 동기는 중국의 경제발전에서 해양경제가 차지하는 부분이 크게 증가했기 때문이다. 1978년 덩샤오핑의 개혁개방 이후 중국의 해외무역과 해상물동량은 급속히 증가했다. 1978년 중국의 수출입 총액은

---

5   구민교, "미·중간 신해양패권 경쟁: 해상교통로를 둘러싼 점·선·면 경쟁을 중심으로", pp. 37~65.

381.4달러였으나, 2012년에는 38조 668억 달러로 100배 이상이 증가했다. 또한, 2012년 기준 중국의 수출입 물동량의 90%, 에너지 수입량의 50%가 해양을 통해 수송되고 있다. 따라서, 중국과 각국을 잇는 해상교통로는 말 그대로 중국경제 발전의 생명선이라 할 수 있다. 그러므로 중국의 입장에서 이에 대한 보호가 국가안보상의 중요문제로 대두하게 된 것이다.[6]

중국은 '해권'(海權)을 국가의 해양권리(sea right)와 해상역량(sea power)이 결합된 국가 주권적 개념의 자연스러운 연장으로 인식[7]하고 있을 만큼, 중국에게 있어서 해양은 중화(中華)의 재현을 위해 필수요소가 되고 있다. 중국은 2012년 11월 '당 대회'에서 해양강국 건설을 국가정책으로 선포하고, 그해 12월에는 '전국 해양발전 5개년 계획'을 발표했다.

또한, 2013년 7월에 개최된 '공산당 정치국 8차 집단학습의 주제'는 중국의 해양강국 건설이었다. 이 자리에서 시진핑은 "중국은 육지대국이면서 동시에 해양대국으로 광범위한 해양전략적인 이점을 갖고 있다"고 강조했다.[8] 위와 같은 일련의 행위들은 중국이 해양 권익을 핵심 이익으로 간주하고 있음을 보여준다.

중국이 인도 · 태평양 지역의 기존 패권국인 미국에게 도전하는 구체적인 이유 중 하나는 경제의 급성장과 함께 부각된 안정적인 에너지 확보를 위한 해상교통로의 보호, 해외유전 개발, 해외기지 구축 등과 같

6   김현승, "중국의 해양안보전략 평가와 안보적 함의", 『해양전략』179호(2018.9), p. 110.

7   하도형, "중국 해양전략의 인식적 기반: 해권(海權)과 국가이익을 중심으로", 『국방연구』55권 3호(2012), pp. 50~53.

8   조영남, "시진핑시대의 중국외교 과제와 전망", 『STRATEGY 21』33호 Vol. 17, No. 2 (2014), pp. 13~21.

은 에너지 안보정책 때문이다.[9]

특히, 셰일 혁명이 가져온 미국의 에너지 자립 정책[10]은 미국에게 전략적 유연성을 부여하는 동시에, 대(對)중국 압박을 더욱 본격화하도록 만들었다. 중동으로부터 석유, 천연가스 등을 시장에 안정적으로 공급하는 일은 이제 미국보다 중국, 일본, 한국과 같은 수입국에 더 절실한 사안이 되었기 때문이다. 당장 이란이 호르무즈 해협을 봉쇄한다면, 직격탄을 맞는 국가는 중국 등 아시아의 수입국이 되었다.

경제성장과 더불어 세계 최대 석유 소비국[11]으로 성장한 중국은 전

---

9 임경한 · 오순근 외, 『21세기 동북아 해양전략: 경쟁과 협력의 딜레마』(성남: 북코리아, 2015), p. 181에서는 21세기 중국 지도자들의 해양강국에 대한 국가적 차원의 노력은 지속될 것이며, 특히, 안정적인 에너지 자원 확보를 위해 해상교통로 보호, 해외유전 개발, 해외기지 구축 등의 공세적인 해양정책을 지속적으로 추진할 것으로 예상하고 있다. 중국은 G2 시대를 맞아 강대국의 위상에 부합하는 대양해군 건설과 원해를 지향하는 적극방어전략을 계속 추진할 것이며, 이에 따라 서태평양에서 미국과의 해양패권 경쟁은 더욱 심화될 것으로 예상된다. 또한, 양안문제, 센카쿠열도, 난사군도, 시사군도 등 주변국들과의 무력분쟁 가능성도 더욱더 증대할 것으로 예상했다.

10 2017년 6월 미국의 에너지부가 주최한 미국 에너지 부활(unleashing american energy) 행사에서 트럼프는 에너지 지배(energy dominance) 구상을 발표했다. 그는 "과거 40년간 에너지 부족에 대한 공포와 에너지를 공급하는 국가들이 휘두르는 자원무기 앞에 국민의 삶의 질은 하락했으며, 국가 주권도 희생해야 했지만, 이제 세계 최대 산유국으로 등극했기에 우리의 주권을 무시하거나 석유공급을 대가로 정치적 요구를 함부로 할 수 없게 되었다"고 밝혔다. 이 자신감은 신고립주의를 내세우는 트럼프 행정부의 정치 · 경제적 태도에 영향을 줬다. 중동정책에 더 과감해졌고, 유럽과 한국, 일본 등의 동맹국에는 더 큰 비용을 청구했다. 2017년 말에 미국은 이스라엘 수도를 예루살렘으로 선언하고, 2018년에는 이란과 기존의 핵 합의를 파기하면서 더욱더 엄격한 핵 합의를 요구했다. 2019년에는 시리아에서 배신자라는 비난을 들으면서까지 병력을 철수했다. 그러나, 이것이 미국이 중동에서 추구하는 핵심이익을 완전히 포기하는 것을 의미하는 것이 아니라, 중동에서 핵심이익은 과거와는 다르게 사우디와 이스라엘의 안전을 확보하는 동시에, 방어선을 축소하여 더 적은 비용으로 효율적으로 관리하겠다는 것이다. 이준범, "미국 트럼프 행정부의 에너지 지배 구상", 『한국석유공사 주간 석유뉴스』(2019. 11. 20), pp. 1~2; 최지웅, 『석유는 어떻게 세계를 지배하는가?』(서울: 부키, 2019), pp. 284~285; 최지웅, "솔레이마니 이후 미국과 이란의 관계와 석유시장", 『한국석유공사 주간 석유뉴스』(2020. 2. 19), pp. 5~6.

11 2019년 6월 'IEA, Energy Security in ASEAN+6'에 따르면, 중국의 2017년 석유 수입 의존

체 소비량의 3/4을 수입해야 하는 처지로, 2002년부터 에너지 안보문제에 깊은 관심을 가지고 수입원의 다변화, 해양력 증강을 통한 해상교통로 확보 등으로 미국 주도의 에너지 경제체제에 도전하고 있다.

이에 따라 중국은 중동에서 미국과 정치 · 군사적 갈등을 겪고 있는 이란 및 사우디아라비아를 상대로 에너지 틈새전략을 추구하고 있다. 특히, 중국은 이란과 긴밀한 관계를 형성하기 위해 미국과 이란의 적대적 관계를 활용하여 군사적 지원 등 외교적 협력관계를 유지하고 있다. 그 결과, 2004년 10월에는 이란과 대규모 유전인 야다바란 유전을 확보할 수 있는 협정을 체결하여, 25년 동안 매년 액화 천연가스 1,000만 톤씩 구매하는 성과를 거두기도 했다. 또한, 전통적으로 미국과 우호적인 사우디아라비아도 에너지 최대 소비국으로 등극한 중국의 시장을 고려했을 때, 중국과의 협력에도 소극적이지 않은 모습이다. 결국, 1999년 중국은 사우디아라비아와 전략적 석유 파트너십 관계를 형성했고, 2003년에는 천연가스 개발권을 획득했다.[12]

그러나, 중화의 재현이라는 중국몽을 실현하기 위한 고도의 경제성장은 국가 간의 협력만으로 보장될 수는 없다. 중국에게 에너지 안보는 국가의 사활적 이익이나, 그 에너지 안보를 보장하는 해상교통로의 안보를 해양 패권국인 미국에게 맡기는 형국[13]이 되었기 때문이다. 이는

도는 69%이며, 2040년까지 82%로 증가할 것으로 예상하고 있다. 또한, 천연가스는 2017년 42%로, 2040년까지 54%로 증가할 것으로 예측하고 있다.

12 마이클 T. 클레어 저, 이춘근 역, 『21세기 국제자원 쟁탈전: 에너지의 새로운 지정학』(서울: 한국해양전략연구소, 2008), p. 368.

13 중국은 해상교통로를 안전하게 확보하기 위해 남중국해에 대한 영유권을 강하게 주장하고 있다. 남중국해의 에너지 수송로가 완전히 보호된 상태에서 미국이 남중국해에서 중국의 도서 영유권에 대해 간섭할 시 적극적인 군사대응을 시도할 것이다. 석유 수송로를 확보하려는 것은 미국의 남중국해 개입에 대해 강력하게 정치 · 군사적으로 대응하려는 예비정책인

전통적으로 대륙국가인 중국이 공세적인 해양전략을 추진하는 계기가 되었으며, 결국 서태평양을 내해화하기 위한 단계별 도련선 확보전략을 수립하고, 이를 보장하기 위한 해군력 증강에 박차를 가하게 되었다.

특히, 〈그림 4-1〉의 별표로 표시된 지역은 중국이 해군력 증강을 통해 확보해야 하는 구역이다. 왜냐하면, 중국은 생존과 번영을 위해 석유를 반드시 확보해야 하는데, 석유 매장지가 남중국해에 집중되어 있기 때문이다. 동시에 남중국해는 중동지역으로부터 석유를 포함한 에너지 자원을 수송하는 중국의 해상교통로가 지나는 길목이기도 하기 때문이다.

중국의 공세적인 해양정책은 한국을 포함한 주변국가들에 대해 해상봉쇄를 수행하기에 충분한 정도의 해군력을 급속히 증강시키는 계기가 되었다. 대표적으로 2012년에 중국의 최초 항공모함인 랴오닝함을, 2019년에는 자국산 항공모함인 산둥함을, 2022년 6월에는 전자식 항공기 사출장치인 캐터펄트를 갖춘 3번째 항공모함인 푸젠함(8만톤급)을 진수시켰다. 또한, 2035년까지 총 6척의 항공모함 보유를 목표로 해군력 증강을 추진하고 있다.

또한, 중국군은 2015년에 작성한 군 현대화 계획에 따라서, 병력을 230만 명에서 200만 명으로 감축할 계획이었으나, 오히려 해군은 23만 5천 명에서 29만 명으로 증강하고, 해병대는 2만 명에서 10만 명으로 늘릴 계획을 추진 중이다. 국방비도 전체 국방비의 1/3 이상을 해군력 건설에 투자하고 있다.[14]

것이다. 차도회, 『동아시아 미중 해양패권 쟁탈전』(성남: 북코리아, 2012), p. 157.

14 Michael Richardson, "Naval Powers in Asia: Rise of Chinese Navy Changes the Balance Viewpoints," *Institute of South East Asian Studies* (10 May, 2010).

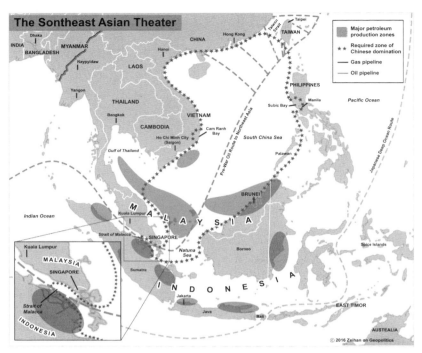

〈그림 4-1〉 중국이 확보해야 할 남중국해 주요거점 현황

출처: 피터 자이한 저, 홍지수 역, 『셰일혁명과 미국 없는 세계』, p. 317.

중국의 전투함은 2015년 255척에서 2020년 360척으로 증가했는데, 이는 미국의 295척에 비해 60척이 많은 척수이며, 2000년 110척에 대비해 20년 사이 3배 이상 증가한 수치이다. 중국은 2025년까지 전투함을 400척을 보유할 계획이다.[15] 주요 해군함정 발전 전망과 동북아 주요국 해군력 현황은 〈표 4-1〉 및 〈표 4-2〉와 같다. 중국은 이미 한국에 비해 질적으로나 양적로 우세한 해군력을 보유하고 있다. 2019년 7월 기준, 한국 해군력은 톤수 기준 중국의 22.4%에 불과하며, BFM(Battle Force

---

15   박창권, "미중 해군력 경쟁 특성과 안보적 시사점", p. 5.

<표 4-1> 중국의 주요 해군함정 발전 전망

함정 유형	2020년	2025년	2030년	2040년	변화 규모
총 규모(척)	239	276	310	333	+94
항공모함(척)	2	3	5	6	+4
순양함/구축함(척)	102	120	135	140	+38
핵추진 잠수함(척)	6	10	14	16	+10
디젤 잠수함(척)	47	47	46	46	−1
상륙함(척)	7	14	18	20	+13

출처: 박창권, "미중 해군력 경쟁 특성과 안보적 시사점", 『국방논단』 1852호(2021. 5), p. 5.

<표 4-2> 동북아 주요국 해군력 현황

구분		미국	중국	러시아	일본
	해군 병력(명)	337,100	250,000	150,000	45,350
함정(척)	항공모함	11	2	1	–
	순양함/구축함/호위함	24 / 67 / 19	– / 28 / 52	4 / 13 / 15	– / 40 / 11
	전술/전략핵잠수함	54 / 14	58 / 4	49 / 13	19 / –
	초계함/연안전투함정	84	209	118	6
	상륙함/상륙정	34 / 131	49 / 67	20 / 28	3 / 8
	전투기 / 헬기(대)	716 / 692	318 / 113	157 / 198	– / 122
해병대	해병사단(개)	해병원정군 3	여단 7	여단 3	–
	전차(대)	447	75	300	
	보병전투차량(대)	488	10	1,061	
	상륙돌격장갑차(대)	1,200	152	–	
	병력수송장갑차(대)	207	–	400	
	무인기(대)	180	–	–	
	항공기/헬기(대)	741 / 435	–	–	

출처: 국방부, 『2020 국방백서』(서울: 국방부, 2020), pp. 286~287.

Missile)[16] 기준 중국의 17.1%로 매우 열악한 해군력을 보유하고 있다.

중국은 주변국에 대한 해상봉쇄를 수행할 수 있는 정규군인 해군력(PLAN)뿐만 아니라 해양경찰과 해상민병대(Maritime Militia)를 보유하고 있다. 해양경찰과 해상민병대는 회색지대 전략(Gray Zone Strategy)[17]과 복합전(Hybrid Warfare)을 수행할 수 있는 주요전력이다. 중국은 이 전력들을 활용하여 주변국과 전쟁으로의 확대를 지양하면서 국익을 추구하고 있다.

특히, 중국은 2021년 2월 1일부로 중국 해역을 침범한 외국 선박에 대해서 무기사용 권한을 법제화한 해경법을 발효시켰다.[18] 이는 이어도

16　BFM은 오바마 및 트럼프 행정부에서 국방부 부장관(United States Deputy Secretary of Defense)을 지낸 바 있는 워크(Robert O. Work)가 그의 논문 "To Take and Keep the Lead"에 제시한 전력비교 방법이다. BFM 개념은 제1·2차 세계대전을 기점으로 유행하기 시작한 함대의 톤 및 척수 기준 전력비교 방법론이 기술변화로 인해 적시성을 잃었다는 점을 전제로 삼고 있으며 현대전의 핵심은 미사일에 있다고 간주하고 있다. 워크가 제창한 BFM 개념에는 자함방어를 위한 자산[RAM, ESSM, SA-N-9, 미스트랄(Mistral), HHQ-10 SAM 등]은 제외되며 아스록(ASROC), 하푼(Harpoon), 토마호크(Tomahawk), 스탠더드 미사일(Standard Missile) 및 이와 동급인 무기들만을 포함하고 있다. BFM을 통한 전력비교는 실질적인 함대가 보유하고 있는 화력을 계상할 수 있다는 장점이 있다. 특히 미사일 기술의 발달로 소형 함정에도 높은 성능의 대함미사일을 장착할 수 있다는 현실을 전력비교 분석 시 상대적으로 용이하게 반영할 수 있다. 안보경영연구원, "주변국 해군 핵심전력 증강추세와 한국해군의 핵심전력 발전방향", 『해군미래혁신연구단 연구용역보고서』(2019.11.30), pp. 88~89, 115~117.

17　회색지대 전략은 상대방과 정면대결을 회피하면서 모호성을 갖는 회색지대에서 모든 국력요소를 활용한 위협으로 갈등을 유발하여, 상대방이 단호하게 대응하지 못하도록 의사결정에 지장을 초래하도록 함으로써 자신들이 목표로 하는 이익을 달성하는 전략이다. 김종하 · 김남철 · 최영찬, "북한의 대남 회색지대 전략: 개념, 수단 그리고 전망", p. 35.

18　중국 해경법은 2020년 12월 말 전국인민대표자 회의를 통과한 후 2021년 2월 1일부로 발효되었다. 2013년 4개의 해상법 집행기관이 통합하여 중국 해경이 창설된 이후 국무원 산하 국가해양국에서 2018년 중국 공산당 중앙군사위 산하 무장경찰의 지휘를 받는 것으로 조직이 전환되었다. 민간통제에서 인민해방군(PLA)과 같은 지휘 아래 놓임으로써 군사적 색채가 더욱 짙어졌다. 법 집행기관의 성격보다 군사적 기능을 강화한다는 징후는 해상법 집행과 해양권익 보호를 임무로 하는 별도의 해양경찰대를 창설할 것이라는 보도에서도 찾을

수역, 남중국해, 서해 잠정조치수역 등 중국이 관할권을 주장하는 해역에 대해서도 무력을 행사하겠다는 의도로 평가할 수 있다.

또한, 중국의 해양이익 관철을 위한 또 하나의 조직은 해상민병대이다. 평소에는 생업에 종사하다가 전시에 군으로 편입되는 준군사집단인 해상민병대는 18~35세 어민들이 의무적으로 가입하게 되어 있는 조직이다. 해상민병대의 규모는 전체 민병 800만여 명의 3.7%인 30만여 명[19], 어선척수 18만 7천여 척 이상[20]으로 추정되나, 정확한 규모는 알려지지 않고 있다. 중국의 해상민병대는 〈표 4-3〉과 같이 선박 크기에 따

〈표 4-3〉 중국의 해상민병대 규모 추정

구분	원해 수송분대	외해 지원분대	근해 지원분대
톤수	200톤 이상	50~200톤	50톤 이하
항속거리	1,000NM 이상	500~1,000NM	5,00NM 이내
선박종류	대형 철선, 화물선	중형 철선, 화물선	소형 철선, 목선
주요임무	원해 정찰 및 감시 물자 및 인원 수송	해상 정찰 및 감시 해안방어 해상 유격전	항만 및 기지방호 탐색 및 구조 환자 수송

출처: 해군미래혁신연구단, 『중국의 해양전략과 해군』(계룡: 해군미래혁신연구단, 2022), p. 311.

수 있다. 김석균, "중국 해경법 발효와 센카쿠 분쟁에 대한 함의", 『KIMS Periscope』 225호 (2021.2.11), pp. 2~3; 유현정, "중국 해경법 주요내용 분석 및 시사점", 『국가안보전략연구원 이슈브리프』 245호(2021.2.23), pp. 1~6.

19 김예슬, "남중국해 해양분쟁과 중국 해상민병대 사례연구", 『숙명여자대학교 대학원 박사학위 논문』(2020.6), p. 68.

20 미 해군참모대학 앤드류 에릭슨 교수는 2017년 보고서에서 해상민병대와 통합되어 운용되는 중국 어선단은 18만 7천여 척 이상으로 판단하고 있다. 또한, 김예슬 박사는 2016년 중국 13차 국가해양수산개발 5개년 계획(2016~2020)에 의하면, 약 3천여 척의 어선을 안정화시키고 어선의 전문화, 표준화 및 현대화 등을 대폭 개선하는 내용을 담고 있으며, 어선규모는 미국 함대의 약 10배가 넘는다는 분석도 있다고 언급했다. 그러나, 김 박사는 모든 어선들이

라 임무를 구분하여 수행하고 있는 것으로 추정된다.

해상민병대는 2017년 시진핑 주석이 신년사에서 언급한 바와 같이 '중국의 해양권익과 확장 수단'으로 유용하게 사용되고 있다.[21] 대표적으로 지난 2015년 10월 미 해군 이지스구축함 라센함이 남중국해 인공섬 12해리로 진입해 초계작전을 수행하자, 해상민병대 소속 어선단 수백 척이 벌떼전술로 압박했던 사례를 들 수 있다.[22] 또한, 〈표 4-4〉에서 보는 바와 같이 중국은 미국, 일본, 베트남, 필리핀 등 다양한 국가와 해양권익이 상충하는 분쟁지역에서 해상민병대를 적극적으로 활용하고 있다.

해상민병대가 중국 정부의 정책수행의 도구로 활용되는 이유는 해상민병대가 갖는 회색지대 전략의 특성인 모호성, 비귀속성, 전쟁의 문턱을 넘지 않는 소규모 분쟁, 확전 우세 등 때문이다.[23] 즉, 전 영역에서

해상민병대로 활용되는 것은 아니지만, 이러한 거대한 규모의 어선을 바탕으로 형성된 해상민병대는 그만큼 중국이 동원할 잠재적인 능력이 매우 크다는 것을 대변한다고 평가했다. 이재영, "중, 남중국해서 비정규 해양민병대 '리틀 블루맨' 운용", 『연합뉴스』(2021.4.13일자); 김예슬, "남중국해 해양분쟁과 중국 해상민병대 사례연구", p. 65.

21 시진핑은 2013년 4월 해남도 Qionghai Tanmen 어촌 방문시 "해상민병은 어업종사뿐 아니라 해양정보 수집 및 인공도서, 산호초 매립을 지원해야 한다"고 언급했으며, 2017년 신년사에서는 "해상민병은 분쟁해결 지향보다는 해양권익 강화 및 확장 수단"으로 강조했다. 이서항, "중국의 해양강국 추구와 회색지대 전략: 한국에 대한 함의", 『127회 KIMS모닝포럼』(2019.9.25), pp. 20, 35.

22 유용원, "어선이 돌변해 벌떼 공격… 서해 노린다, 중 30만 해상민병", 『조선일보』(2020.11.15일자)

23 회색지대 전략의 특징은 특정 국가가 목표를 달성하기 위해 비국가단체와 정규군의 조직의 융합 운용(국가 차원의 전쟁수준에 비국가단체 활용), 이를 활용한 전쟁과 평화의 경계선이 불분명한 모호성 유지로 부인 가능성 증대 또는 책임의 비귀속성(모호성으로 인한 책임의 비귀속성), 전쟁의 문턱을 넘지 않는 저·중강도 분쟁 위주의 행동(전쟁수준 이하에서 분쟁 시도), 상대방에게 불리하거나 감당할 수 없는 비용 강요를 위해 갈등을 확대시킬 수 있는 능력의 과시로 다른 일방에게 확전 대안 부재상황 창출(확전우세) 등으로 공격자의 외교, 군사, 경제적 결과들을 최소화하면서 자신의 목표를 달성하는 것으로 정리할 수 있다. 회색지대 전략의 특징에 대해서는 최영찬, 『미래의 전쟁 핸드북 2022』(논산: 합동군사대학교, 2022)을 참고할 것.

<표 4-4> 중국의 해상민병대 주요 활용사례

일자	분쟁지역	주요내용	활동규모
2009년 3월	남중국해	• 하이난섬 인근 미 해양조사선(Impeccable)의 해양조사 활동 방해 • 파라셀군도 인근 중 석유시추선의 시추작업 시 주변에 다수 선박 배진을 통해 시추활동 보호	선박 5척
2014년 5월		• 베트남 선박 접근 저지 및 격침	
2015년10월		• 수비암초 인근 미 구축함(Lassen)의 항행의 자유작전 시 다수선박 동원, 항행 방해	다수 선박
2016년 8월	동중국해	센카쿠열도 해상에서 중국 해경함정 15척 지원하에 400여 척 어선이 불법조업 및 일본 순시선과 대치	해경선, 다수 선박
2018년 4월	지부티	중 도랄레 기지 인근 미 항공기 비행 시 어선에서 레이저 빔 공격으로 조종사 2명 눈에 경상 피해	다수 어선
2019년 1월	남중국해	필리핀이 실효지배 중인 티투섬 주변 해역에 해군 함정, 해경선, 선박 600여 척 전개	다수 선박
2019년 5월		남중국해에서 호주 해군 헬기가 비행 시 다수 어선에서 레이저 빔 이용 공격 시도	다수 어선
2020년 3월	동중국해	어업보호 임무 수행 중인 대만 순찰정 포위 공격	다수 어선
2020년 4월	남중국해	서사군도 인근에서 베트남 어선과 대치 간 침몰 후 선원 억류	다수 어선
2021년 4월	남중국해	필리핀 EEZ 내 중국 선박 250여 척이 필리핀의 퇴거 요구에도 지속 활동	다수 어선

출처: 해군미래혁신연구단, 『중국의 해양전략과 해군』, pp. 314~315.

상대방에게 교착상태(Stand-off)[24]를 강요함으로써 의사결정과 대응을 지연시키고, 중국은 이 시기를 활용하여 외교 · 군사 · 경제적 책임과 위험

---

24 데드록(Deadlock) 상태라고도 하며, 상대국가가 적절히 반응하기 이전에 전략 및 작전적 목표를 달성하도록 행동의 자유를 보장해주는 물리적, 인지적, 정보적으로 분리된 상태를 의미하는 용어이다. 이 용어는 미 국방부가 최근 중국과 러시아의 회색지대 전략을 통한 영향력 확대에 대비해 전쟁수행 개념을 발전시키기 위해 중국과 러시아의 위협을 평가하면서 자주 언급되고 있다. 이에 대해서는 최영찬, 『미래의 전쟁 핸드북 2022』을 참고할 것.

성을 최소화하면서 자신의 목표를 달성할 수 있는 효과적인 수단이 해상민병대이기 때문이다.

중국의 해경법 발의, 해상민병대 활용사례 및 특징, 중국의 분쟁수행 양상 등을 종합적으로 고려해볼 때, 해경과 해상민병대는 주변국들과 전쟁에 이르지 않는 방법으로 강압을 수행할 수 있고 해상봉쇄 전력으로도 유용하게 활용될 수 있는 중국의 전략적 선택지로 평가할 수 있다.

의지 면에서도 중국은 해상봉쇄를 수행할 수 있을 것이다. 의지의 사전적 의미는 '특정한 의도에 입각해서 자기 결정 및 목적을 추구하는 행동을 일으키는 작용'을 의미하는 것이다.[25] 따라서, 의지가 있는지 없는지를 가장 구체적으로 평가할 수 있는 근거는 의지의 표출, 즉 의도가 행동으로 가시화되었는지를 분석해 보는 것이다.

이러한 맥락에서 중국이 한국의 해상교통로를 봉쇄할 수 있는 의도가 있는지는 다음 몇 가지 측면에서 논의해 볼 수 있다. 먼저, 중국의 적극적인 해양팽창 전략 측면에서 그 의도를 판단해 볼 수 있다. 중국의 해양팽창 전략은 지정학적 측면에서 두 방향으로 전개되고 있다. 하나는 서태평양으로의 진출이며, 다른 하나는 인도양을 중심으로 한 해외기지의 건설이다. 〈그림 4-2〉와 같이 중국은 도련선 전략을 통해 서태평양으로 진출을, 진주목걸이 전략을 통해 인도양 방향으로 팽창정책을 추진하고 있다.

---

25   https://namu.wiki, 검색일: 2021.7.29일자.

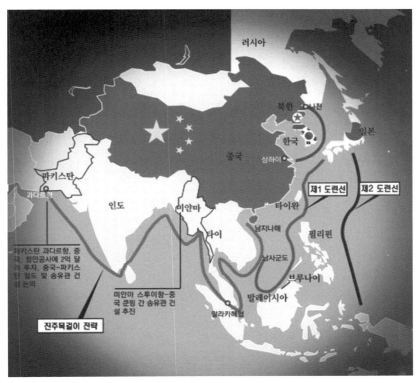

〈그림 4-2〉 중국의 도련선 전략과 진주목걸이 전략

출처: 남문희, "중국의 나진진출을 경계하라", 『시사IN』(2011.1.25).

이 두 전략이 구현되는 장소는 중국의 에너지 수송로와 일치하며, 이 수송로는 한국의 주요 해상교통로인 남방항로와도 일치한다. 즉, 똑같은 해상항로를 통해 에너지 자원을 수입하고, 물품을 수출한다. 따라서, 한국의 해상교통로는 중국의 공세적인 해양팽창 전략에 직접적인 영향을 받을 수밖에 없는 지정학적으로 매우 불리한 위치에 놓여 있다.

피터 자이한은 『셰일혁명과 미국 없는 세계』(2019)에서 저자의 논지와 같은 경고를 했다. 그는 "한국은 세계 5대 석유 수입국가이자, 세계

7대 천연가스 수입국이라는 대가를 치르고 경제적 성공을 달성했다"고 주장하면서, "세계 에너지 시장을 혼돈에 빠뜨리는 일이 발생하면 전기가 끊기고 자동차가 다니지 못하게 된다"고 분석했다. 또한, "설상가상으로 한국은 동북아지역 맹주들 가운데 어느 나라의 편을 들든 그 나라는 한국이 필요한 원자재와 똑같은 원자재가 필요하다"라고 경고한 바 있다.[26]

중국은 센카쿠열도에서 일본과 해양영유권 분쟁을 하고 있으며, 〈그림 4-3〉에서 보는 바와 같이 남중국해 시사군도와 난사군도에서도 아세안국가들과 영유권 분쟁을 진행 중이다. 현재 중국에서 발행한 지도를 보면, 남중국해 대부분을 자국의 영해로 표시해 놓고 있다. 함정과 해상민병대의 공격적인 운용, 공식적인 성명이 뒷받침하듯 이 지도는 중국의 엄연한 의도를 담고 있다. 또한, 막강한 해군력을 구축해 해양강국으로 탈바꿈을 시도하고 있으며, 남중국해를 비롯한 여러 해협에서 치르고 있는 영유권 분쟁은 해상교통로 지배에 대한 그들의 집착을 보여준다.[27]

또한, 9단선(nine dash line)[28]이라 지칭되는 베트남, 인도네시아, 필리핀 해안선으로부터 인접한 지역에 9개의 기준선을 그어놓고, 이 9단선 안에 포함된 남중국해(남중국해 전체의 90%)를 자신의 해역이라고 주장해 왔다. 즉, 중국은 남중국해에서 자신은 해양을 자유롭게 이용하면서 한국을 비롯한 주변국의 해양 이용을 거부하는 '현대판 해양지배'를 달성

---

26 피터 자이한 저, 홍지수 역, 『셰일혁명과 미국 없는 세계』, p. 12.

27 팀 마샬 저, 김미선 역, 『지리의 힘』(서울: 도서출판 사이, 2020), p. 15, p. 51.

28 중국은 2013년 대만을 추가하여 10단선 안의 남중국해를 자신의 영토로 주장하고 있다.

〈그림 4-3〉 남중국해 해양 영유권 분쟁 현황

출처: "中, '판결무효', 美, '국제법 결론 따라라'… 남중국해 더 큰 격랑", 『조선일보』(2016.7.13일자).

하고자 하고 있다.

아울러, 〈그림 4-4〉~〈그림 4-6〉과 같이, 서해 잠정조치수역 내에서도 한국과 경쟁하고 있다. 특히, 중국은 서해 잠정조치수역 내와 인근에 군사용으로 추정되는 불법 부표를 설치했다.[29] 최근에는 중국 해양세

〈그림 4-4〉서해 잠정조치수역 내 중국의 해양세력 활동 현황 1

출처: "中. 서해바다, 동해하늘 출몰… 美. 보란 듯 노골적인 힘자랑", 『조선일보』(2018.3.2일자).

---

29 중국은 2014년부터 2021년 3월까지 총 10개 부표(폭 3m, 높이 6m)를 불법 설치했는데, 그 중 2개는 잠정조치수역에, 8개는 그 외 수역에 설치했다. 한국은 이에 대한 맞대응으로 124도 이서(以西)에 부표 2개를 설치했다. 중국 측에서는 이 부표를 기상부표로 주장하나, 한국의 관계기관에서는 군사용으로 추정하고 있다. 부표는 무기체계를 장착하기 위한 플랫폼 역할을 수행할 수 있는 것으로, 필요시 음파탐지기를 달게 되면, 서해에 활동하는 한미 잠수함의 동향을 파악할 수 있게 된다. 따라서, 단순히 기상을 판단하는 부표라기보다 군사작전에 활용될 수 있는 용도로 판단할 필요성도 있다. 특히, 부표 설치 시 중국 해군함정의 호위 하에 설치했다는 점과 최근 서해에서 해군함정을 비롯한 해양세력의 공세적인 활동을 염두에 둘 필요가 있다고 판단된다.

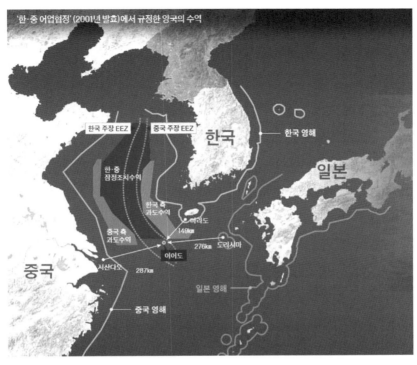

〈그림 4-5〉 서해 잠정조치수역 내 중국의 해양세력 활동 현황 2

출처: "양희철, "바다의 평화 없이는 한중의 진정한 평화도 없다", 『중앙일보』(2017.3.29일자).

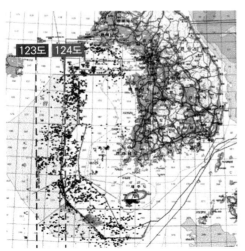

〈그림 4-6〉 서해 잠정조치수역 내 중국의 해양세력 활동 현황 3

출처: 김대영, "한중 어업질서의 진단 및 양국 어업관계 개선 방향", 『수산경영론집』45권 3호(2014.12), p. 28.도 없다", 『중앙일보』(2017.3.29일자).

력들이 서해 잠정조치수역의 중간선(동경 123도선)을 월선하여, 수역 동쪽 끝단인 124도선 이동(以東)에서도 자유롭게 활동하고 있다.[30] 주요 활동세력은 해경, 관공선, 군함, 해양조사선, 과학원 소속정 등 다양한 세력들로, 이는 과거 어선 위주의 활동과 다른 양상을 보여주고 있다. 중국의 일련의 행위들은 중국이 주변국에 대해 영향력을 행사하려는 의지가 얼마나 큰지를 대변해 주고 있다.

배학영은 중국의 서해상 해양세력의 활동 증가에 대해 한국의 국익을 극대화할 수 있는 대응책에 대해 깊은 검토가 필요하다고 주장하면서, 그렇지 못할 경우 현재 진행되고 있는 배타적 경제수역 경계획정 문제에 대한 한·중 간 협상에서 불리한 상황은 물론, 종국에는 우리의 해양주권의 상당부분을 상실하게 될 것으로 평가했다. 또한, 그는 한국 경제에 막대한 손실과 더불어 안보적으로도 운신의 폭을 제한하는 결과를 초래할 것으로 경고한 바 있다.[31]

한국의 해상교통로 봉쇄에 대한 중국의 또 하나의 의지 표현은 경제적 강압 정책이다. 중국은 2010~2012년 제1·2차 센카쿠열도 분쟁 시 대(對)일본 희토류 수출 중단과 2016~2017년 한반도 사드배치 시 대(對)한국 경제보복을 실행한 바 있다. 이는 자신의 피해는 최소화하면서

---

30 Kim Suk Kyoon, "Korean Peninsula Maritime Issues," *Ocean Development & International Law* (2010).

31 배학영은 중국의 서해 잠정조치수역 내 활동 증가 이유를 ① 안보적으로 해양굴기를 위한 해양영토 확장 정책의 일환인 안보적 목적, ② 패권경쟁에 유리한 위치 선점, ③ 지속 가능한 경제성장의 필수과업으로 해상교통로 보호의 필요성으로 주장했다. 특히, 세계 물동량 순위 10위 안에 드는 중국의 주요항구가 4개나 서해에 근접해 있다고 주장하며, 다롄(물동량 세계 16위)까지 포함하면 중국의 대부분 물동량이 서해에서 이동한다고 봐야 함을 주장했다. 배학영, "중국 해양세력의 서해상 활동 증가와 우리의 대응방향",『국방연구』 63권 3호 (2020.9), pp. 86~89.

상대방에게 경제적으로 큰 피해를 줌으로써 자신의 정치적 목적을 달성하고자 하는 정책의 일환이다.

중국이 경제보복 정책을 즐겨 사용하는 이유는 자신의 피해가 상대방의 피해보다 매우 적기 때문이다. 예를 들어 사드 도입 시 중국의 경제보복으로 인한 한·중 양국 간의 피해액은 각 기관마다 상이하나, 현대경제연구원에 따르면, 한국의 경제적 피해는 약 8.5조 원(주요 제조업 수출, 투자 및 관광 등)이었다. 반면, 중국의 피해액은 약 1.1조 원으로 한국의 피해액이 중국에 비해 약 8배 큰 것으로 분석하고 있다.[32]

위의 분석에서 무엇보다도 국가적 관심을 기울여야 할 부분은 중국의 영향력 행사의 대상이 한국의 경제에 지향하고 있다는 점이다. 따라서, 한국의 해상교통로에 대한 중국의 위협의 그림자는 항상 존재하고 있고, 앞으로도 존재할 것이라고 봐야 할 것이다.

중국의 무기화 정책은 일시적이기보다, 철저히 중앙정부의 통제하에 지속적으로 실시되고 있다. 한반도 사드 배치 시 중국 공산당 기관지 인민일보의 자매지인 환구시보가 사설에서 중국의 대(對)한국 경제제제 수단으로 한국 정부, 기업 및 정계인사의 중국 진입 차단과 제재, 북한 제재 재검토 등을 정부에 건의[33]한 사실은 이를 뒷받침한다.

또한, 김홍규와 최지영은 지금까지 중국이 외교 및 안보적 이유로

---

32 현대경제연구원, "최근 한중 상호간 경제손실 점검과 대응방안", 『현안과 과제』 17-10호 (2017.5.2), pp. 7~8. 그 외에 사드 배치 시 중국의 경제보복으로 인한 손실액 추정에 관한 자료는 장우애, "중국내 반한 감정 확산과 영향", 『IBK경제연구소 연구보고서』(2017.2); 산업은행 산업기술리서치센터, "사드배치와 한중관계 악화에 따른 산업별 영향", 『Weekly KDB Report』(2017.3.21)를 참고할 것. 위 논문들은 2012년 중·일간 센카쿠열도 분쟁 시 일본이 실제 입었던 경제적 피해를 반영해 한국에 대한 피해액을 추정했다.

33 김외현·이제훈, "한국경제 숨통 쥔 중국의 5가지 경제보복 수단", 『한겨레 신문』(2016.7.10 일자).

경제보복을 시행한 사례(일본, 필리핀, 노르웨이 3개국)와 WTO 등 국제규범을 감안할 때, 대한(對韓) 경제제제 수단은 ① 한국산 제품 통관 및 위생검사 등 비관세 장벽 강화, ② 관광상품 중단과 비자발급 지연 등 중국 관광객 통제, ③ 관영언론 등을 활용한 불매운동과 한국기업 이미지 깎아내리기, ④ 중국 진출 한국기업 표적 단속, ⑤ 채권을 비롯한 한국 금융시장 진출 중국자본 철수의 다섯가지로 분석했다.[34] 이는 WTO 등 국제규범을 감안한 것으로, 위의 환구시보가 정부에 건의한 내용에 비해 보복의 정도가 다소 약하다고 판단될 수는 있겠으나, 중국의 대(對)주변국에 대한 영향력 발휘대상을 경제에 두고 있다는 점은 일맥상통한다.

더욱이, 미·중 패권구도하에서 중국은 한국의 쿼드(Quad) 가입에 대한 반대의사를 표명하면서 자신의 질서에 편입을 강요하고 있다. 따라서 한국이 미국 주도 질서에 편입하게 된다면, 중국은 과거와 같은 경제보복의 수준을 뛰어넘어 강력한 경제적 강압 정책을 수행할 수 있다. 그 대상은 중화의 재현과 미국과 해양패권 경쟁에서 승리하기 위해 반드시 확보하고자 하는 동남중국해를 지나는 한국의 해상교통로가 될 가능성이 높다.

또한, 한·중관계가 악화되거나, 현재의 상황이 더욱 악화되어 미·중 간 본격적인 군사적 대결로 확대될 경우, 중국은 미국의 동맹국인 한국에 대해 영향력을 행사할 필요성을 절실히 느낄 것이다.[35] 따라

---

34 김흥규·최지영, "사드 도입 논쟁과 중국의 對韓 경제보복 가능성 검토", 『CHINA WATCHING』 14호(2016.4.25), pp. 2~3.

35 존 미어샤이머 미국 시카고대학 교수는 "한국이 미국에 가까워질수록 중국은 한국에 보복할 것이며, 안타깝지만 이건 한국이 치러야 하는 피할 수 없는 대가이다. 중국이 더 강력해질수록 한국의 안보위협은 커질 것이며, 한국의 안미경중(안보는 미국, 경제는 중국) 외교에 대해 한국이 한미동맹에 전념하지 않는 것은 어리석음의 극치(height of foolishness)가 될

서, 중국은 그 옵션 중 가장 효과적이고 효율적인 방법인 한국의 주요 해상교통로에 대한 봉쇄를 통해 전쟁으로 비화되지 않도록 분쟁의 스펙트럼을 잘 관리함과 동시에, 정치적 목적을 달성하려고 시도할 수 있다.

황병무 교수는 해양이권 분쟁이 발생할 경우 중국은 해·공군력을 이용한 해양봉쇄 카드를 꺼내들 가능성이 높으며, 예상되는 해상봉쇄 유형으로는 서해 및 제주 남방해역에서 실시되는 근해 해양봉쇄와 남중국해 일대에서 실시되는 원해 해양봉쇄를 고려할 수 있다고 전망했다.[36]

한국에게 중국의 해양굴기와 이에 따른 강군몽(强軍夢)이 위협이 되는 이유는 우리의 남방 및 한중항로가 중국의 앞마당을 지나고 있어, 봉쇄에 매우 취약하기 때문이다. 만약 중국이 한국 수출의 71%가 오가는 남방 및 한중항로를 봉쇄할 경우, 연간 약 1,303조 원, 일일 3.6조 원의 경제적 손실이 발생하여 우리나라의 국가경제는 심각한 타격을 입게될 것이다.

더욱이, 우리의 수출은 앞으로도 지속적으로 증가할 것이며, 이에 따라 그 피해액은 기하급수적으로 증가할 것이다. 따라서, 중국의 능력과 의도를 정확히 분석하고, 한국의 해상교통로 보호에 대한 확고한 의지와 철저한 대비는 국가생존을 위해서 반드시 필요한 중차대한 사안으로 평가된다.

것이라고 주장했다. 또한, 중국은 경제적으로 더 강력해지면서 이 힘을 군사력으로 바꿀 것이며, 남중국해를 통제하고 대만을 탈환하고 동중국해를 장악하려고 할 것이다. 내가 중국의 국가안보 보좌관이라 해도 시 주석에게 중국이 아시아를 지배하려면 더 공격적으로 바뀌어야 한다고 조언할 것이다"라고 주장했다. 문병기, "한국은 중과 무덤서기 춤출지, 미 핵우산 유지할지 자문해야", 『동아일보』(2022.1.1일자).

36 황병무, "동아시아 해양 분쟁과 미중의 대립", 『코리아연구원 현안진단』 275호(2015), pp. 2~3.

제2절 일본의 해양정책과 해상봉쇄 위협

　2021년 10월 출범한 일본 기시다 내각의 방위정책 방향도 큰 틀에서 스가 및 아베 내각의 방위정책과 같은 기조를 견지하고 있다. 2021년 10월 8일 기시다 총리가 국회에서 행한 소신표명 연설, 2020년 일본의 방위백서와 전문가들의 일반적인 견해들도 이와 일치한다.

　일본의 방위정책 방향은 우선 미·일동맹을 기축으로 동맹국 및 우호국들과 연대해서 '자유롭고 열린 인도·태평양'의 실현, 둘째, 중국과의 대화는 유지하되, 대만해협의 안전, 홍콩 민주주의와 위구르 인권문제에 의연한 대응, 셋째, 인권문제 담당 총리보좌관 설치, 넷째, 국가안보전략, 방위대강, 중기방위력정비계획 개정(영해 경비능력, 미사일 방위능력 등 방위력 강화) 등을 확보하는 것이다.[37]

---

[37] 조양현, "기시다내각 출범과 일본 정국", 『IFANSFOCUS』(2021.10.15), pp. 2~3. 곤조 다이스케 교수는 현재의 기시다 내각의 방위정책 방향을 정립한 아베 내각의 방위정책 방향에 대해 아래와 같이 평가하고 있다. "아베 내각의 방위정책 방향에 대해 곤도 다이스케 교수는 다음 두 방향으로 전개될 것으로 예상한 바 있다. 우선, 미·일동맹을 더욱 공고히 하여 중국의 팽창정책에 적극 대응하며, 동북아 안보구도를 미·일 대(對)중국의 경쟁구도로 만드는 것이며, 둘째, 미국 패권의 쇠퇴에 대비해 독자적인 군사력을 구축하는 것이다. 즉, 미국

일본의 방위정책의 기축은 미·일동맹이며, 그 틀 속에서 일본의 방위정책이 추진되어왔다. 따라서 일본이 미국과 동맹국인 한국에 대해 해상봉쇄라는 군사적 옵션을 선택하리라고 예측하는 것은 논리적으로 맞지 않는 이야기일 수 있다.

하지만, 일본은 해양국가로서 '열리고 안정된 해양의 안보'를 확보하기 위해 질과 양 측면에서 방위력을 충분히 확보하려는 방위력 증강계획을 추구하고 있다. 특히, 평시부터 범정부적 차원에서 통합적으로 방위력을 운용하여 자신에게 바람직한 안보환경을 조성하고자 하는 목표를 세우고, 독자적인 방위력 강화를 추구하고 있다.[38] 따라서 미국 패권의 약화, 중국의 영향력 감소 등과 같은 국제정치적 상황 변화와 독도와 배타적 경제수역 영유권 문제 등에 대해 미국의 암묵적인 동의 등 제반 여건이 조성된다면, 상황은 다르게 전개될 수 있을 것이다.

현시점에서 일본은 한국의 해상교통로에 대한 봉쇄를 실행할 수 있는 실질적인 능력과 의지를 보유하고 있으나, 여건이 성숙되지 않았다고 보는 것이 정확한 분석일 것이다. 실제로 일본은 이미 한국의 해상교통로에 대해 해상봉쇄를 시행할 수 있는 충분한 해군력과 의지를 가지고 있기 때문이다.

우선, 능력 면에서 일본은 이미 한국에 비해 질적으로나 양적으로 우세한 해군력을 보유하고 있다. 2019년 7월 기준, 한국 해군력은 톤수

에 의지하지 않은 독자적인 군사력으로 아시아에 대해 영향력을 확대하고, 중국에 대한 일본 스스로 대항할 수 있는 방위력을 확보한다는 것이다." 곤도 다이스케, "급변하는 동북아 정세와 아베 신조의 야망: 김정은과 중국 견제 공조 꿈꾼다", 『월간중앙』(2014.8월호), p. 65.

38 조은일, "일본 방위계획대강의 2018년 개정 배경과 주요내용", 『국방논단』 1742호(2019. 1.14), p. 11.

기준 일본의 56%에 불과하며, BFM(Battle Force Missile) 기준 일본의 65.9%로 매우 열악한 해군력을 보유하고 있다.[39]

일본은 세계 3위의 해군력을 보유한 국가로, 전반적인 전쟁수행 능력 면에서도 한국을 압도하고 있다. 유병준, 배학영 및 오순근은 줄리안 라이더의 국가 총체적 전쟁수행 능력 요소를 바탕으로 한·일 해상전력을 비교 평가했으며, 〈표 4-5〉와 같은 결론을 도출했다.

〈표 4-5〉 한 · 일 주요 해군함정 비교

구분		한국	일본	일본 대비
인력	2019년 인구(명)	5천 178만	1억 2천 649만	-2.4배
지리	국토면적(km2)	약 10만	약 38만	-3.8배
	관할해역(km2)	43.8	447~465	-10~11배
경제	2018년 GDP(달러)	1조 6천 194억	4조 9천 709억	-3배
해상 무기 체계	주요 전투함(척) (항모 · 순양 · 구축 · 프리깃함)	26	51	-2배
	초계함, 연안정(척)	101	6	+17
	잠수함(척)	22 (약 22,700톤)	21 (약 60,200톤)	-2.7배(톤수)
	해상초계기(대)	16	82	-8배
2018년 국방 과학기술 수준		세계 9위	세계 7위	-2개 순위

출처: 유병준 · 배학영 외, "한 · 일 해상전력 비교분석과 시사점: 문헌조사를 통한 비교와 전문가조사를 통한 분석구조 개선을 중심으로", 『일본문화연구』 77호(2021.1), pp. 117~118의 내용을 정리했음.

---

39 안보경영연구원, "주변국 해군 핵심전력 증강추세와 한국해군의 핵심전력 발전방향", pp. 88~89, 115~117.

일본은 한국에 비해 인구 2.4배, 국토면적과 관할해역 3.8~11배, 경제능력(2018년 GDP) 3배, 항공모함 포함, 주요 전투함 척수 약 2배, 잠수함 톤수 약 2.7배, 해상초계기 대수는 약 8배 정도 우세했다. 주로 연안 방어 임무에 치중하는 초계함, 연안정의 경우 한국이 많았으나, 이는 소형함정으로 해상상태에 매우 취약하여 상시 활용이 제한되고, 상대적으로 무장능력이 취약하여 강력한 무장능력을 보유하고 있는 대형함 위주의 일본 해군력과 직접적으로 비교하는 것은 무리가 있다고 판단된다.

또한, 2018년 과학기술 수준은 세계 주요 16개 국가 중 일본이 7위, 한국이 9위로 2단계 높은 것으로 평가되었다. 특히, 일본의 잠수함은 디젤잠수함으로 정숙성이 뛰어나고, 한국에 비해 장기간 작전이 가능하므로 해상봉쇄에 유용한 전력으로 사용될 수 있으며, 우리보다 월등히 많은 해상초계기는 잠수함의 천국이라고 불리는 동해 바다를 비롯한 한국의 해상교통로가 지나는 길목(chock point)에서 우리의 잠수함작전을 거부한 가운데 해상봉쇄 작전을 수행할 능력을 갖추고 있다.

아울러, 일본은 '다차원 횡단 방위구상'[40] 구현을 위해 전력의 증강을 추진하고 있다. 이미 기존 헬기항모인 2만 7천 톤급(만재 톤수) 이즈모

---

40 다차원 횡단 방위구상이란, 육·해·공군, 우주, 사이버, 전자기 영역 등 다차원 영역에서 방위력을 강화하며, 군사력 운용에 있어서 공간과 지역을 횡단해 종합적, 복합적으로 사태에 대응한다는 개념이다. 이는 2018년 5월 29일 집권당인 자민당이 제시한 "새로운 방위계획 대강 및 중기방위력 정비계획 책정을 위한 제언: 다차원 횡단(Cross Domain) 방위구상 실현을 향해"라는 문서에 등장하며, 미래 일본의 군사력 증강을 위한 기본개념이 되고 있다. 김기호, "일본 여당(자민당)의 새로운 방위계획대강 및 중기방위력정비계획 책정을 위한 제안(전문번역본)", 『해군발전위원회 정책보고서』(2018) 및 일본방위성 저, 해군본부 역, 『2018년 일본 중기방위력정비계획』(계룡: 해군본부, 2018) 참고. 일본의 다차원 횡단 방위구상은 미국이 중국과 러시아의 회색지대 전략과 하이브리드전에 대응하기 위한 전쟁수행 개념인 다영역작전(Multi Domain Operations, MDO)의 교차영역 시너지(Cross Domain Synergy) 효과의 연장선상에서 이해할 필요가 있다.

함과 카가함에 수직 이착륙기인 F-35B를 탑재할 수 있도록 개조개장을 하고 있으며, 미사일 방어체계(MD) 완성을 위해 이지스함에 SM-3 요격미사일 탑재, 지상 패트리어트 미사일(PAC-3) 및 방공통제시스템 간 연계도 추진하고 있다.[41]

특히, 일본은 이즈모함을 2015년 3월 취역한 지 불과 3년 만에 항모로 개조하는 사업을 추진했고, 2020년 7월에 미국 의회로부터 F-35 전투기 총 105대 판매 승인을 획득했다. 여기에는 지상용 F-35A 63대 추가도입과 항모 탑재용 F-35B 42대가 포함되었다. 또한, 항모 개조를 결정한 뒤 바로 함재기 훈련계획도 세웠다. 2019년 3월에 미국에게 미 해병대 F-35B를 보내서 이ㆍ착함 훈련을 진행해달라고 요청했는데, 이는 미군의 도움을 기반으로 항공모함의 개조상태를 점검하고 항공모함 운용을 위한 선행학습에 나선다는 의미이다. 일본은 2022년부터 개조개장에 들어가는 카가함을 주축으로 사실상 항공모함 전투단 훈련에도 착수할 계획이다.[42]

일본이 한국의 해상교통로에 대한 봉쇄를 실시할 의도가 있는지에 대한 평가는 매우 제한된다. 왜냐하면, 의지는 능력과 같이 물리적인 실체를 찾기 어렵고, 우방국 간에는 외교적인 갈등 등을 고려하여 군사력 운용 의도에 대해 직접적인 의지표명을 꺼리기 때문이다. 따라서, 한국의 해상교통로에 대한 일본의 해상봉쇄 의지는 일본이 추구하고 있는 공식적인 국가정책, 특히, 해양정책의 틀 속에서 간접적으로 평가해볼 수밖에 없다. 따라서 일본의 의지를 다음 몇 가지로 분석할 수 있다.

---

41 국방대학교 국가안전보장연구소, 『2020-21 RINSA 세계안보정세 분석과 전망』, pp. 47~50.

42 박용한, "日제국 해군 부활… 15년 은밀히 감춘 '항모 야망' 이뤘다", 『중앙일보』(2021.8.8일자).

먼저, 미국의 인도·태평양 전략의 기반이 된 아베 총리의 2012년 12월 27일 영자 논문인 '아시아의 민주적 안보 다이아몬드'(Asia's Democratic Security Diamond)에 나타난 인식은 동북아에서 영향력을 행사하고자 하는 강한 의지를 표출하고 있다고 본다. 그는 "일본이 인도·태평양지역에서 공공재를 보전하는 데 더욱 큰 역할을 수행해야 한다"고 주장했다.[43] 여기서 공공재는 인도·태평양지역에 있는 국가들이 공공을 이용할 수 있는 재화 또는 서비스를 의미하며, 전통적으로 미국 등 패권국들이 세계 각국에 공공재를 제공해왔던 사실을 미루어 판단해 볼 때, 일본은 이를 제공할 능력을 갖춘 국가로 성장하겠다는 의지를 표현한 것으로 평가할 수 있다.

달리 말하면, 일본은 아시아 국가에 대한 영향력 확대를 적극적으로 추구하고 있다는 것이다. 이를 통해 추론해볼 수 있는 것은 국제적인 상황과 여건이 조성되고, 한·일 간의 갈등이 지금과 같이 전 분야로 확대된다면, 일본은 한국에 대한 영향력을 행사하기 위해 한국의 해상교통로 봉쇄를 포함한 다양한 정책적 옵션을 테이블에 올려놓고 그 시행을 논의할 수 있을 것이다. 일본은 그 정책적 선택지 중에서 자신의 우월한 해군력을 활용하여 자신의 해상교통로와 중첩되며, 한국경제에 대한 막대한 손실을 강요할 수 있는 해상교통로에 대한 봉쇄를 유력하게 고려할 수 있을 것으로 판단된다.

한국의 해상교통로가 자신의 해상교통로와 중첩되는 점을 활용하여, 자신의 해상교통로 보호 명분하에 한국의 해상교통로의 원활한 통

---

43   Shinzo Abe, "Asia's Democratic Security Diamond", *the Website of the Project Syndicate* (27 December, 2012).

항을 거부할 가능성도 예측해 볼 수 있다. 이미 일본은 2019년 위안부 문제, 강제동원 피해자 문제와 같은 한·일 간 과거사 문제들을 경제분야로 연결시켜 한국에 수출규제라는 경제적 강압행위를 실시한 바 있다. 또한, 현 기시다 내각에서도 스가 및 아베 내각에서와 같이 양국관계에 대한 정책적 우선순위가 낮고, 이미 상호관계 악화가 일본 외교에 미치는 부정적 영향을 숙지하고 있는 등 한·일 간의 외교·안보적 갈등이 지속적으로 심화되는 현상은 한국에 대한 해상봉쇄를 부추기는 동인으로 작용할 가능성이 크다.

둘째, 일본은 해양전략의 범위를 지속적으로 확대하고 있다. 1980년대 해상교통로 1,000해리 방어론에서 최근 2,000해리 방어론으로의 변화와 이를 보장하기 위한 능력을 확보하기 위한 노력들을 진행 중이다. 아베는 취임 후 2014년 집단적 자위권 허용에 대해 각의 결정을 했는데, 집단적 자위권 발의 이후 가장 먼저 지시한 것은 해상교통로 보호 문제였다. 이는 해상교통로가 일본의 생존과 번영에 중대한 사안이라는 사실을 말해준다.

해군과 방위사업청 자문위원이자 일본 전문가인 최종호는 "일본은 제해권을 상실해 제2차 세계대전에서 패배했다고 스스로 평가했다. 오늘날 무역으로 먹고사는 일본은 해상교통로 확보에 명운을 걸었다"고 분석했다.[44]

일본 정부가 정책의 최우선 순위로 해상교통로 보호를 선정한 이유는 한국과 같이 해상교통로에 생존과 번영이 달려 있으나, 그 해상교통로는 중국과 한국의 해상교통로와 중첩되어 있으며, 중국의 해양 팽

---

44 박용한, "日제국 해군 부활… 15년 은밀히 감춘 '항모 야망' 이뤘다".

창정책의 근원지로서 매우 취약하여 심각한 영향을 받을 가능성이 농후하기 때문이다.

전통적인 해양국가인 일본은 석유, 천연가스 등 주요자원을 국내에서 확보할 수 없는 지리적 특성과 주요 원자재를 수입하여 제품을 만들어 수출하는 산업구조를 가지고 있기 때문에 에너지를 안정적으로 확보하는 문제는 국가안보에 중요한 문제였다.[45] 한국과 같이 전체 무역량의 99% 이상을 해상무역에 의존하며, 전체 에너지 소비 중 41%를 차지하는 석유의 90% 이상을 중동에서 수입해야 하는 일본에게 안정적인 에너지 수급 문제는 생존과 번영을 위해 해결해야 할 최우선 과제였다. 따라서, 적극적인 외교ㆍ군사적인 노력을 계속하고 있는 것이다.[46]

그러나, 중국과 센카쿠열도 분쟁과 남중국해 인공섬 건설 등 중국의 팽창정책은 일본의 해상교통로에 직접적인 악영향을 미치는 중대한 국가안보 문제로 부각되었다. 따라서, 이를 보호하기 위해 대단히 공세적이고 적극적인 대비가 필요했으며, 그 위협의 인식과 대비 방향은 2020년 발표된 방위백서와 제반 해양정책에 반영되어 나타났다.

2020년 방위백서에서는 해상교통로의 안전 확보는 한 나라만으로 대응하기 어려운 안전보장상의 과제이자 에너지 안보로서 중동지역의

---

45 2018년 방위계획 대강에서는 다음과 같이 평가하고 있다. "사면이 바다로 둘러싸이고 긴 해안선을 보유한 일본은 본토에서 떨어진 다수의 도서지역과 광대한 배타적 경제수역을 보유하고 있으며 그곳에는 반드시 지켜내야 할 국민의 생명ㆍ신체ㆍ재산, 영토ㆍ영해ㆍ영공 그리고 각종 자원이 널리 존재한다. 또한, 해양국가이며 자원과 식량의 대부분을 해외와의 무역에 의존하고 있는 일본에 있어 법치주의 및 항행의 자유 등과 같은 기본적인 규범에 기초한 '개방되고 안정된 해양'의 질서를 강화하고 해상교통 및 항공교통의 안전을 확보하는 것이 평화와 번영의 기초이다." 일본방위성 저, 해군본부 역, 『2018 일본 방위계획대강』(계룡: 해군본부, 2018), p. 6.

46 켄트 E. 콜더 저, 오인석ㆍ유인승 역, 『신대륙주의: 에너지와 21세기 유라시아 지정학』(서울: 아산정책연구원, 2013), pp. 367~372.

중요성을 강조하며, 다차원 횡단 방위작전에 필요한 능력을 구축하기 위한 방위력 증강 중 해상교통로 보호 전력을 우선사항으로 명시하고 있다.[47] 나아가 미국의 대(對)중국 압박전략에 동참하여 중국의 해상교통로를 중동지역에서부터 봉쇄하기 위해 아덴만 연안의 지부티에 처음으로 해상자위대의 해외기지를 확보하고, 대잠초계기와 호위함 두 척을 파견했다.[48] 최근에는 호르무즈 해협을 통과하는 자국 선박 보호를 위해 독자적으로 해상자위대 전력을 중동으로 파병하기로 했으며, 이와 관련하여 아랍에미리트(UAE)와 오만에 보급기지를 추가로 설치하는 방안을 검토 중이다.[49]

일본은 자신의 해상교통로가 자국의 경제에 미치는 영향을 잘 알고 있으며, 이를 위해 적극적인 대비를 하고 있다. 즉, 일본은 해상교통로 보호를 자국의 생존과 사활이 걸린 문제로 보고, 에너지 안보와 해양권익을 고려한 해양안보 전략을 수립하고 있는 것이다. 또한, 미·일동맹에 기반하여 인도·태평양 전략에 적극적으로 동참하여 중국의 태평양 진출을 저지하고 호주, 인도, 아세안 각국과 방위협력 및 교류를 강화하며, 다차원 횡단 방위력 구축을 위한 방위력을 정비하는 등 공세적으로 대비를 하는 것이다.

일본의 공세적인 노력의 근저에는 해상교통로에 대한 과도한 의존도와 중국의 봉쇄 가능성, 이로 인한 생존과 번영에 대한 악영향을 예방

---

47 일본방위성 저, 정재영 역, 『2020 일본 방위백서』(계룡: 해군본부, 2020), pp. 1~11.

48 신인균, "새로운 안보위협에 대비한 해양안보협력체계 구축방안연구", 『2013년 해군전투발전용역과제』(2013), p. 17.

49 해군미래혁신연구단, 『20-1호 세계해군발전 소식』(계룡: 해군미래혁신연구단, 2020), p. 116-4.

해야 한다는 인식이 깔려있다. 따라서, 일본으로서는 자신의 해상교통로와 중첩된 한국 해상교통로의 취약점을 그 어떤 국가보다 잘 인지하고 있을 가능성이 높다. 따라서, 상황과 여건이 조성된다면, 일본은 한국에 대한 영향력을 행사하기 위해 한국의 해상교통로 봉쇄를 우선적으로 고려할 수 있을 것이다.

셋째, 일본은 2020년 방위백서에서도 방위협력 대상국으로서 한국을 호주, 인도 등에 이어 네 번째로 낮게 소개하고 있으며, 일본 방위의 현안문제 중 하나로 독도를 지속적으로 거론하고 있다. 일본이 방위백서에 한국이 실효 지배를 하는 독도를 자신들의 영유지로 명기한 것은 2005년 고이즈미 준이치로 내각 이후 2021년까지 17년째다.

〈그림 4-7〉은 일본 방위성이 생각하는 안보 위협요인을 표시한 이미지로 독도에 대해서는 변함없이 다케시마 영토문제로 명기하고 있다. 이 외에 중국의 동해 진출 역시 주요 위협요인으로 보고 있으며, 중국의 동해 진출은 일본뿐만 아니라 한국에게도 위협요인이 될 것으로 언급하고 있다.

또한, 일본은 독도 영유권에 대한 강경 발언, 독도점령 시나리오 연구 및 기고,[50] 2018년 일본판 해병대인 수륙기동단 창설[51] 등 정부와 민

---

50 다카이 미쓰오는 일본의 군사전문지 『군지겐큐』(軍事研究) 2009년 6월호에 "다케시마 폭격 작전은 가능한가"라는 제하의 기사에서 "다케시마 공격 계획은 군사문제에 대한 문외한의 황당무계한 공상이 아니다. 이 제안을 계기로 정치권에서 국방의 기본방침과 방어의 본령(本領)을 재검토하고 군 관련 기관은 다케시마와 관련한 부대배치 등 국방체제의 전면 재검토에 들어가야 한다"고 주장했다. 오동룡, "일본의 전 육상자위대 간부가 밝힌 독도 점령 시나리오", 『월간조선』(2012.10).

51 일본의 육상자위대 상륙작전 전담부대인 수륙기동단은 2018년 창설되었으며, 최대 대대급 상륙작전 능력을 보유한 것으로 판단된다. 정광호는 이 수륙기동단은 한국 해병대처럼 공세적인 전력으로 일본과 센카쿠열도, 독도, 북방 네 개 도서 분쟁을 하고 있는 국가들에게 위협이 될 수 있으며, 만약 일본이 독도에 상륙한다는 계획을 수립했다면 그 첫발은 수륙기동

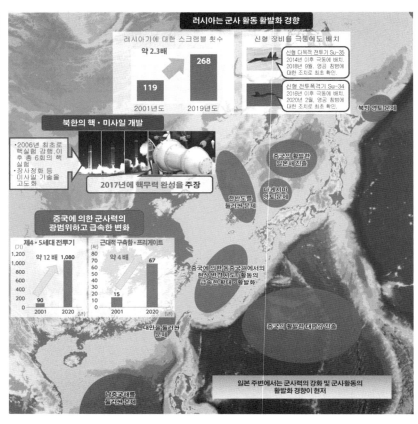

〈그림 4-7〉 일본의 주변 안전보장 환경 평가

출처: 일본 방위성 저, 국방정보본부 역, 『2020년 일본 방위백서』(서울: 국방정보본부, 2020).

간 가릴 것 없이 일관되고 집요한 주장과 정책들을 지속적으로 전개하
고 있다. 아울러, 중국과의 센카쿠열도 분쟁, 러시아와 북방 네 개 도서

단이 될 것으로 전망했다. 수륙기동단은 2023년까지 한 개 연대를 추가하여 총 세 개 연대로
운용할 계획이다. 정광호, "일본 방위전략의 공세적 변화가 한국 해군에 주는 전략적 함의:
일본 수륙기동단 창설에 대한 분석을 중심으로", 『Strategy 21』 42호 Vol. 20, No. 2 (Winter,
2017).

영유권 분쟁 등에서도 일본의 공세적인 정책은 지속되고 있다.

국가 간에 이익이 상충되는 상황은 협상에 의해 쉽게 해결되기도 하지만, 반대로 국가 상호 간의 적대적인 행위 등의 축적(accumulation)과 상승(escalation) 과정을 거쳐 임계점에 다다르면 위기와 분쟁으로 전개되는 것이 일반적이다. 따라서, 일본의 지속적이고 집요한 정책의 추진은 한·일 간의 위기와 분쟁 상황으로 전환되는 임계점을 향해 가고 있다고 볼 수 있다. 다만, 그 상황과 여건 조성이 불비하기 때문에 임계점 근처에서 머물고 있을 뿐이다. 일본이 과거사 문제와 연계하여 한국에 대해 수출 규제라는 경제보복을 선택했던 것도 상황과 여건이 불비한 상황 내에서 선택할 수 있었던 행위 중에 하나였을 수 있다.

그러나, 미국의 패권과 중국의 국력이 약화되고 일본의 영향력이 증대되는 국제정치 상황과, 일본이 주변국에 대해 영향력을 미칠 수 있는 충분한 능력을 갖추게 되는 시기가 도래하면, 한국에 대한 행위들은 수출 규제라는 소극적인 경제보복에 머무르지 않을 가능성이 높다. 역사적으로 분쟁 시 정치적 목적을 달성하기 위해 상대방에게 최대한의 영향을 미칠 수 있는 취약점을 찾아 그곳에 자신의 정치·군사적인 역량을 집중하는 것이 일반적인 원칙이었다. 따라서, 제반 여건이 조성되고 한·일 간의 갈등관계가 위기로 발전되고 분쟁으로 전개된다면, 일본은 한국경제의 취약점인 해상교통로 봉쇄를 결정할 수 있다는 점을 인식해야 한다.

대우조선해양, 한국해사기술 및 자주국방네트워크가 중심이 되어 연구한, 2015년 해군전력분석시험평가단의 연구용역보고서에서는 일본과 독도에서 무력 분쟁이 발발하지 않더라도 한·일 간 외교 분쟁이 격화될 경우, 일본은 한국에 대한 해상봉쇄 작전을 수행하여 압박을 가할 수 있다고 분석했다. 그 이유로 일본은 한국을 상대로 근해 및 원해에서 해상봉쇄 작전을 수행할 수 있는 충분한 해군력을 보유하고 있다는 점과 한국이 처한 불리한 지리적 조건을 들었다. 특히, 지리적으로 일본은 한반도를 외곽에서 둘러싸고 있는 형태이고 대한해협 일대는 전장 종심이 대단히 좁은 편이기 때문에 동해를 관할하는 제3호위대군을 제외한 모든 전력이 동원되면, 우리 군의 전력으로 일본의 근해 및 원해 해상봉쇄를 억제하거나 격퇴하는 것은 사실상 어려울 것으로 평가했다.[52]

---

52 대우조선해양 · 한국해사기술 · 자주국방네트워크, "차세대 첨단함정 건조가능성 검토결과", 『해군전력분석시험평가단 연구용역보고서』(2015), pp. 80~81.

제5장

해상봉쇄 유용성 및
효과 분석결과

이 책에서 탐구하고자 하는 연구문제를 재기술하면 다음과 같다. 먼저 해상봉쇄의 유용성 부분이다. 첫째, 국가 간 분쟁에서 각 국가들이 시행한 군사행동들 중, 해상봉쇄 목표달성비는 얼마이며, 다른 군사행동에 비해 상대적인 순위는 어떠한가?

둘째, 국가 간 분쟁에서 각 국가들이 시행한 군사행동들 중, 해상봉쇄 인명손실(명)은 몇 명이었으며, 다른 군사행동에 비해 상대적인 순위는 어떠한가?

셋째, 국가 간 분쟁에서 각 국가들이 시행한 군사행동들 중, 해상봉쇄 분쟁 소요기간(일)은 며칠이었으며, 다른 군사행동에 비해 상대적인 순위는 어떠한가?

다음으로 해상봉쇄의 경제적 효과 부분이다. 첫째, 한국의 해상교통로를 통한 수출 봉쇄 시, 한국경제에 미치는 직접효과와 파급효과는 어느 정도인가?

둘째, 한국의 해상교통로 봉쇄로 인한 손실은 한국의 주요 경제지표 ― 국가 총예산, 국방예산 등 ― 와 비교하여 어느 정도인가?

제1절 해상봉쇄의 유용성 검증결과

1. 해상봉쇄에 관한 일반적 특성

해상봉쇄에 관한 일반적인 특성을 살펴보기 위해 빈도분석을 실시했다. 먼저, 대분류 군사행동(군사행동 없음, 군사적 위협, 군사력 현시, 군사력 사용, 전쟁)에 관한 일반적 특성은 〈표 5-1〉과 같다.

1816년부터 2010년까지 국가 간 분쟁 시 각 국가의 군사행동 총 4,958회 중 분쟁 해결을 위해 군사력 사용을 가장 많이 사용하는 것으

〈표 5-1〉 대분류 군사행동에 관한 일반적 특성

대분류 군사행동	빈도(회)	백분율(%)
군사행동 없음(no militarized action)	1,329	26.8
군사적 위협(threat of force)	209	4.2
군사력 현시(display of force)	1,228	24.8
군사력 사용(use of force)	1,851	37.3
전쟁(war)	341	6.9
합계	4,958	100.0

로 나타났다. 군사력 사용은 1,851회(37.3%), 군사행동 없음이 1,329회(26.8%), 군사력 현시가 1,228회(24.8%), 전쟁이 341회(6.9%), 군사적 위협이 209회(4.2%)로 나타났다.

다음으로 소분류 군사행동에 관한 일반적 특성은 〈표 5-2〉와 같다. 군사행동 없음이 1,329회(26.8%)로 가장 많았으며, 군사력 과시가 745회(15%), 공격이 681회(13.7%), 충돌이 669회(13.5%), 전쟁이 341회(6.9%), 군사력 사용 위협이 187회(3.8%), 국경에서 폭력행위가 178회(3.6%), 국

〈표 5-2〉 소분류 군사행동에 관한 일반적 특성

소분류 군사행동		빈도(회)	백분율(%)
군사행동 없음(no militarized action)		1,329	26.8
군사적 위협 (threat of Force)	군사력 사용 위협(threat to use force)	187	3.8
	봉쇄 위협(threat to blockade)	4	0.1
	영토점령 위협(threat to occupy territory)	18	0.4
군사력 현시 (display of force)	군사력 과시(show of force)	745	15.0
	경계태세 변경(alert)	122	2.5
	군사력 동원(mobilization)	38	0.8
	국경 강화(fortify border)	145	2.9
	국경에서 폭력행위(border violation)	178	3.6
군사력 사용 (use of force)	해상봉쇄(naval blockade)	67	1.4
	영토점령(occupation of territory)	135	2.7
	인질/재산의 압류(seizure)	299	6.0
	공격(attack)	681	13.7
	충돌(clash)	669	13.5
전쟁(war)	전쟁(war)	341	6.9
합계		4,958	100.0

경 강화가 145회(2.9%), 영토점령이 135회(2.7%), 경계태세 변경이 122회 (2.5%), 해상봉쇄가 67회(1.4%), 군사력 동원이 38회(0.8%), 영토점령 위협이 18회(0.4%), 봉쇄 위협이 4회(0.1%) 순으로 나타났다.

2. 해상봉쇄의 유용성 검증결과

1) 해상봉쇄의 상대적 목표달성비 검증결과

해상봉쇄의 상대적 목표달성비를 검증하기 위해 다음 4단계 절차를 수행했다. 첫째, 대분류 군사행동들의 일반적 특성과 목표달성 간의 차이를 분석하는 것이다. 이는 대분류 군사행동들 간 목표달성의 평균이 유의미한 차이가 있는지를 밝히는 것으로, 목표달성 평균의 차이가 유의미하지 않다면, 대분류 군사행동 중 어떠한 군사행동이 목표달성이 높다고 할 수 없기 때문이다. 둘째, 대분류 군사행동들에 따라 목표달성비인 교차비(Odds ratio)를 측정하여 전쟁이 다른 대분류 군사행동에 비해 목표달성비가 얼마나 높은지, 어느 정도 순위에 위치하는지를 검증했다. 셋째, 소분류 군사행동들의 일반적 특성과 목표달성 간에 차이가 유의미한지를 분석했다. 넷째, 소분류 군사행동에 따라 목표달성비인 교차비를 측정하여 해상봉쇄가 다른 소분류 군사행동에 비해 목표달성비가 얼마나 높은지, 순위는 어느 정도인지를 검증했다.

우선, 대분류 군사행동의 일반적 특성과 목표달성 간 차이를 분석하기 위해 카이제곱 검정을 실시했고, 그 결과는 〈표 5-3〉과 같다. 카이

〈표 5-3〉 대분류 군사행동 * 목표달성 여부 카이제곱 분석결과

구분		목표달성 여부		전체	x^2 (p)
		목표 달성	목표 미달성		
군사행동 없음	빈도(회)	112	1,217	1,329	
	기대빈도(회)	251.7	1,077.3	1,329.0	
	대분류 군사행동 중 %	8.4	91.6	100.0	
	목표달성 여부 중 %	11.9	30.3	26.8	
	전체 중 %	2.3	24.5%	26.8	
군사적 위협	빈도(회)	52	157	209	
	기대빈도(회)	39.6	169.4	209.0	
	대분류 군사행동 중 %	24.9	75.1%	100.0	
	목표달성 여부 중 %	5.5	3.9%	4.2	
	전체 중 %	1.0	3.2%	4.2	
군사력 현시	빈도(회)	259	969	1,228	
	기대빈도(회)	232.6	995.4	1,228.0	
	대분류 군사행동 중 %	21.1	78.9	100.0	
	목표달성 여부 중 %	27.6	24.1	24.8	
	전체 중 %	5.2	19.6	24.8	199.690* (.000)
군사력 사용	빈도(회)	382	1,469	1,851	
	기대빈도(회)	350.6	1,500.4	1,851.0	
	대분류 군사행동 중 %	20.6	79.4	100.0	
	목표달성 여부 중 %	40.7	36.6	37.3	
	전체 중 %	7.7	29.6	37.3	
전쟁	빈도(회)	134	207	341	
	기대빈도(회)	64.6	276.4	341.0	
	대분류 군사행동 중 %	39.3	60.7	100.0	
	목표달성 여부 중 %	14.3	5.2	6.9	
	전체 중 %	2.7	4.2	6.9	
전체	빈도(회)	939	4,019	4,958	
	기대빈도(회)	939.0	4,019.0	4,958.0	
	대분류 군사행동 중 %	18.9	81.1	100.0	
	목표달성 여부 중 %	100.0	100.0	100.0	
	전체 중 %	18.9	81.1	100.0	

* $p < 0.05$

제곱 분석에 사용된 군사행동의 빈도는 4,958회로 결측치는 없는 것으로 나타났다.

〈표 5-3〉에서 보는 바와 같이, 군사행동 없음에서 목표달성 112회, 목표 미달성 1,217회로 총 1,329회의 빈도수로 나타났다. 군사행동 없음에서 목표달성 8.4%, 목표 미달성 91.6%의 비율로 나타났다(대분류 군사행동의 %). 목표달성에서 군사행동 없음이 차지하는 비율은 11.9%, 목표 미달성에서 군사행동 없음이 차지하는 비율은 30.3%의 수치이다(목표달성 여부의 %). 목표달성과 목표 미달성 전체에서 군사행동 없음의 목표달성 비율은 2.3%, 목표 미달성 비율은 24.5%로 나타났다(전체 %). 즉, 군사행동 없음에서 목표 미달성은 목표달성보다 많았다는 것을 알 수 있다.

군사적 위협에서 목표달성 52회, 목표 미달성 157회로 총 209회의 빈도수로 나타났다. 군사적 위협에서 목표달성 24.9%, 목표 미달성 75.1%의 비율로 나타났다(대분류 군사행동의 %). 목표달성에서 군사적 위협이 차지하는 비율은 5.5%, 목표 미달성에서 군사적 위협이 차지하는 비율은 3.9%로 나타났다(목표달성 여부의 %). 목표달성과 목표 미달성 전체에서 군사적 위협의 목표달성 비율은 1.0%, 목표 미달성 비율은 3.2%로 나타났다(전체 %). 즉, 군사적 위협에서 목표 미달성은 목표달성보다 많았다는 것을 알 수 있다.

군사력 현시에서 목표달성 259회, 목표 미달성 969회로 총 1,228회의 빈도수로 나타났다. 군사력 현시에서 목표달성 21.1%, 목표 미달성 78.9%의 비율로 나타났다(대분류 군사행동의 %). 목표달성에서 군사력 현시가 차지하는 비율은 27.6%, 목표 미달성에서 군사력 현시가 차지하는 비율은 24.1%이다(목표달성 여부의 %). 목표달성과 목표 미달성 전체에서 군사력 현시의 목표달성 비율은 5.2%, 목표 미달성 비율은 19.6%로 나타났다(전체 %). 즉, 군사력 현시에서 목표 미달성은 목표달성보다 많았다는 것을 알 수 있다.

군사력 사용에서 목표달성 382회, 목표 미달성 1,469회로 총 1,851회의 빈도수로 나타났다. 이 수치는 군사력 사용에서 목표달성 20.6%, 목표 미달성 79.4%의 비율로 나타났다(대분류 군사행동의 %). 목표달성에서 군사력 사용이 차지하는 비율은 40.7%, 목표 미달성에서 군사력 사용이 차지하는 비율은 36.6%의 수치이다(목표달성 여부의 %). 목표달성과 목표 미달성 전체에서 군사력 사용의 목표달성 비율은 7.7%, 목표 미달성 비율은 29.6%로 나타났다(전체 %). 즉, 군사력 사용에서 목표 미달성은 목표달성보다 많았다는 것을 알 수 있다.

전쟁에서 목표달성 134회, 목표 미달성 207회로 총 341회의 빈도수로 나타났다. 이 수치는 전쟁에서 목표달성 39.3%, 목표 미달성 60.7%의 비율로 나타났다(대분류 군사행동의 %). 목표달성에서 전쟁이 차지하는 비율은 14.3%, 목표 미달성에서 전쟁이 차지하는 비율은 5.2%의 수치이다(목표달성 여부의 %). 목표달성과 목표 미달성 전체에서 전쟁의 목표달성 비율은 2.7%, 목표 미달성 비율은 4.2%로 나타났다(전체 %). 즉, 전쟁에서 목표 미달성은 목표달성보다 많았다는 것을 알 수 있다.

카이제곱 분석결과, 유의확률이 0.000으로 대분류 군사행동에 따라 목표달성 여부 간에는 유의미한 차이가 있었다. 구체적으로 카이제곱 값은 199.690이고, 기대빈도가 5보다 작은 셀은 하나도 없는 것으로 나타났다.

대분류 군사행동에 따라 목표달성 여부 간에 유의미한 차이가 있었으므로, 교차비를 활용한 대분류 군사행동들 간 상대적인 목표달성

비, 즉 교차비를 분석했다. 먼저, 군사행동 없음*목표달성 여부 교차표
와 교차비는 〈표 5-4〉와 같으며, 군사행동 없음을 처리그룹으로, 그 이
외의 각각의 대분류 군사행동들을 통제그룹으로 설정했다. 교차비 분석
결과, 군사행동 없음은 군사적 위협에 비해 상대적으로 목표달성비가
0.28배, 군사력 현시에 비해 0.34배, 군사력 사용에 비해 0.35배, 전쟁에
비해 0.14배 낮게 나타났다. 군사행동 없음은 다른 대분류 군사행동에
비해 상대적으로 목표달성비가 모두 낮은 것으로 분석되었다.

〈표 5-4〉 군사행동 없음*목표달성 여부 교차표와 교차비

구분	목표달성 여부(회)		전체 (회)	교차비 (OR)
	목표달성	목표 미달성		
군사행동 없음 (처리그룹)	112	1,217	1,329	–
군사행동 없음 (통제그룹 1)	112	1,217	1,329	1.00
군사적 위협 (통제그룹 2)	52	157	209	0.28
군사력 현시 (통제그룹 3)	259	969	1,228	0.34
군사력 사용 (통제그룹 4)	382	1,469	1,851	0.35
전쟁 (통제그룹 5)	134	207	341	0.14

군사적 위협*목표달성 여부 교차표와 교차비는 〈표 5-5〉와 같으
며, 군사적 위협을 처리그룹으로, 그 이외의 각각의 대분류 군사행동들
을 통제그룹으로 설정했다. 교차비 분석결과 군사적 위협은 군사행동
없음에 비해 상대적으로 목표달성비가 3.60배, 군사력 현시에 비해 1.24
배, 군사력 사용에 비해 1.27배 높게 나타났으며, 전쟁에 비해서는 0.51
배 낮게 분석되었다.

<표 5-5> 군사적 위협 * 목표달성 여부 교차표와 교차비

구분	목표달성 여부(회)		전체 (회)	교차비 (OR)
	목표달성	목표 미달성		
군사적 위협 (처리그룹)	52	157	209	–
군사적 위협 (통제그룹 1)	52	157	209	1.00
군사행동 없음 (통제그룹 2)	112	1,217	1,329	3.60
군사력 현시 (통제그룹 3)	259	969	1,228	1.24
군사력 사용 (통제그룹 4)	382	1,469	1,851	1.27
전쟁 (통제그룹 5)	134	207	341	0.51

군사력 현시*목표달성 여부 교차표와 교차비는 <표 5-6>과 같으며, 군사력 현시를 처리그룹으로, 그 이외의 각각의 대분류 군사행동들을 통제그룹으로 설정했다. 교차비 분석결과 군사적 현시는 군사행동 없음에 비해 상대적으로 목표달성비가 2.90배, 군사력 사용에 비해 1.03배 높았으며, 군사적 위협에 비해 0.81배, 전쟁에 비해서는 0.41배 낮게 분석되었다.

<표 5-6> 군사력 현시 * 목표달성 여부 교차표와 교차비

구분	목표달성 여부(회)		전체 (회)	교차비 (OR)
	목표달성	목표 미달성		
군사력 현시 (처리그룹)	259	969	1,228	–
군사력 현시 (통제그룹 1)	259	969	1,228	1.00
군사행동 없음 (통제그룹 2)	112	1,217	1,329	2.90
군사적 위협 (통제그룹 3)	52	157	209	0.81
군사력 사용 (통제그룹 4)	382	1,469	1,851	1.03
전쟁 (통제그룹 5)	134	207	341	0.41

군사력 사용＊목표달성 여부 교차표와 교차비는 〈표 5-7〉과 같으며, 군사력 사용을 처리그룹으로, 그 외 각 대분류 군사행동들을 통제그룹으로 설정했다. 교차비 분석결과, 군사력 사용은 군사행동 없음에 비해 상대적으로 목표달성비가 2.83배 높았으며, 군사력 현시에 비해서는 0.97배로 거의 차이가 없었고, 군사적 위협에 비해 0.79배, 전쟁에 비해 0.40배 낮았다.

〈표 5-7〉 군사력 사용＊목표달성 여부 교차표와 교차비

구분	목표달성 여부(회)		전체 (회)	교차비 (OR)
	목표달성	목표 미달성		
군사력 사용 (처리그룹)	382	1,469	1,851	–
군사력 사용 (통제그룹 1)	382	1,469	1,851	1.00
군사행동 없음 (통제그룹 2)	112	1,217	1,329	2.83
군사적 위협 (통제그룹 3)	52	157	209	0.79
군사력 현시 (통제그룹 4)	259	969	1,228	0.97
전쟁 (통제그룹 5)	134	207	341	0.40

전쟁＊목표달성 여부 교차표와 교차비는 〈표 5-8〉과 같으며, 전쟁을 처리그룹으로, 그 이외의 각각의 대분류 군사행동들을 통제그룹으로 설정했다.

교차비 분석결과 전쟁은 군사행동 없음에 비해 상대적으로 목표달성비가 7.03배, 군사적 위협에 비해 1.95배, 군사력 현시에 비해서는 2.42배, 군사력 사용에 비해 2.49배 높게 나타났다. 전쟁은 다른 모든 대분류 군사행동에 비해 상대적으로 목표달성비가 높은 것으로 분석되었다.

<표 5-8> 전쟁 * 목표달성 여부 교차표와 교차비

| 구분 | 목표달성 여부(회) | | 전체 (회) | 교차비 (OR) |
	목표달성	목표 미달성		
전쟁 (처리그룹)	134	207	341	-
전쟁 (통제그룹 1)	134	207	341	1.00
군사행동 없음 (통제그룹 2)	112	1,217	1,329	7.03
군사적 위협 (통제그룹 3)	52	157	209	1.95
군사력 현시 (통제그룹 4)	259	969	1,228	2.42
군사력 사용 (통제그룹 5)	382	1,469	1,851	2.49

다음은 소분류 군사행동들의 일반적 특성과 목표달성 간에 차이가 유의미한지를 카이제곱 검증을 통해 실시했으며, 그 결과는 〈표 5-9〉와 같다.

<표 5-9> 소분류 군사행동 * 목표달성 여부 카이제곱 분석결과

| 구분 | | 목표달성 여부 | | 전체 | x^2 (p) |
		목표달성	목표 미달성		
군사행동 없음	빈도(회)	112	1,217	1,329	
	기대빈도(회)	251.7	1,077.3	1,329.0	
	소분류 군사행동 중 %	8.4	91.6	100.0	
	목표달성 여부 중 %	11.9	30.3	26.8	
	전체 중 %	2.3	24.5	26.8	595.388* (.000)
군사력 사용 위협	빈도(회)	46	140	186	
	기대빈도(회)	35.2	150.8	186.0	
	소분류 군사행동 중 %	24.7	75.3	100.0	
	목표달성 여부 중 %	4.9	3.5	3.8	
	전체 중 %	1	2.8	3.8	

구분		목표달성 여부		전체	x^2 (p)
		목표달성	목표 미달성		
봉쇄 위협	빈도(회)	2	2	4	
	기대빈도(회)	.8	3.2	4.0	
	소분류 군사행동 중 %	50.0	50.0	100.0	
	목표달성 여부 중 %	.2	.0%	.1	
	전체 중 %	.0	.0%	.1	
영토점령 위협	빈도(회)	4	14	18	
	기대빈도(회)	3.6	14.4	18.0	
	소분류 군사행동 중 %	22.2	77.8	100.0	
	목표달성 여부 중 %	.4	.4	.4	
	전체 중 %	.1	.3	.4	
군사력 과시	빈도(회)	204	541	745	595.388* (.000)
	기대빈도(회)	141.1	603.9	745.0	
	소분류 군사행동 중 %	27.4	72.6	100.0	
	목표달성 여부 중 %	21.7	13.5	15.0	
	전체 중 %	4.1	10.9	15.0	
경계태세 변경	빈도(회)	26	96	122	
	기대빈도(회)	23.1	98.9	122.0	
	소분류 군사행동 중 %	21.3	78.7	100.0	
	목표달성 여부 중 %	2.8	2.4	2.5	
	전체 중 %	.6	1.9	2.5	
군사력 동원	빈도(회)	11	27	38	
	기대빈도(회)	7.2	30.8	38.0	
	소분류 군사행동 중 %	28.9	71.1	100.0	
	목표달성 여부 중 %	1.2	.7	.7	
	전체 중 %	.2	.5	.7	

구분		목표달성 여부		전체	x^2 (p)
		목표달성	목표 미달성		
국경 강화	빈도(회)	13	132	145	
	기대빈도(회)	27.5	117.5	145.0	
	소분류 군사행동 중 %	9.0	91.0	100.0	
	목표달성 여부 중 %	1.4	3.3	2.9	
	전체 중 %	.3	2.6	2.9	
국경에서 폭력행위	빈도(회)	5	173	178	
	기대빈도(회)	33.7	144.3	178.0	
	소분류 군사행동 중 %	2.8	97.2	100.0	
	목표달성 여부 중 %	.5	4.3	3.6	
	전체 중 %	.1	3.5	3.6	
해상봉쇄	빈도(회)	54	13	67	595.388* (.000)
	기대빈도(회)	12.7	54.3	67.0	
	소분류 군사행동 중 %	80.6	19.4	100.0	
	목표달성 여부 중 %	5.8	.3	1.4	
	전체 중 %	1.1	.3	1.4	
영토점령	빈도(회)	77	58	135	
	기대빈도(회)	25.6	109.4	135.0	
	소분류 군사행동 중 %	57.0	43.0	100.0	
	목표달성 여부 중 %	8.2	1.4	2.7	
	전체 중 %	1.5	1.2	2.7	
인질/ 재산의 압류	빈도(회)	69	230	299	
	기대빈도(회)	56.6	242.4	299.0	
	소분류 군사행동 중 %	23.1	76.9	100.0	
	목표달성 여부 중 %	7.3	5.7	6.0	
	전체 중 %	1.4	4.6	6.0	

구분		목표달성 여부		전체	x^2 (p)
		목표달성	목표 미달성		
공격	빈도(회)	85	596	681	
	기대빈도(회)	129.0	552.0	681.0	
	소분류 군사행동 중 %	12.5	87.5	100.0	
	목표달성 여부 중 %	9.1	14.8	13.7	
	전체 중 %	1.7	12.0	13.7	
충돌	빈도(회)	97	572	669	
	기대빈도(회)	126.7	542.3	669.0	
	소분류 군사행동 중 %	14.5	85.5	100.0	
	목표달성 여부 중 %	10.3	14.2	13.5	
	전체 중 %	2.0	11.5	13.5	595.388* (.000)
전쟁	빈도(회)	134	207	341	
	기대빈도(회)	64.6	276.4	341.0	
	소분류 군사행동 중 %	39.3	60.7	100.0	
	목표달성 여부 중 %	14.3	5.2	6.9	
	전체 중 %	2.7	4.2	6.9	
전체	빈도(회)	939	4,019	4,958	
	기대빈도(회)	939.0	4,019.0	4,958.0	
	소분류 군사행동 중 %	18.9	81.1	100.0	
	목표달성 여부 중 %	100.0	100.0	100.0	
	전체 중 %	18.9	81.1	100.0	

* $p < 0.05$

　　교차분석 중 카이분석에 사용된 군사행동의 빈도수는 4,958회로 결측치는 없는 것으로 나타났다. 군사행동 없음에서 목표달성 112회, 목표 미달성 1,217회로 총 1,329회의 빈도수로 나타났다. 이 수치는 군사행동 없음에서 목표달성 8.4%, 목표 미달성 91.6%의 비율로 나타났다(소분류 군사행동의 %). 목표달성에서 군사행동 없음이 차지하는 비율은 11.9%, 목표 미달성에서 군사행동 없음이 차지하는 비율은 30.3%의 수치이다(목표달성 여부의 %). 목표달성과 목표 미달성 전체에서 군사행동 없음의 목표달성 비율은 2.3%, 목표 미달성 비율은 24.5%로 나타났다(전체 %). 즉, 군사행동 없음에서 목표 미달성은 목표달성보다 많았다는 것을 알 수 있다.

군사력 사용 위협에서 목표달성 46회, 목표 미달성 140회로 총 186회의 빈도수로 나타났다. 이 수치는 군사력 사용 위협에서 목표달성 24.7%, 목표 미달성 75.3%의 비율로 나타났다(소분류 군사행동의 %). 목표달성에서 군사력 사용 위협이 차지하는 비율은 4.9%, 목표 미달성에서 군사력 사용 위협이 차지하는 비율은 3.5%의 수치이다(목표달성 여부의 %). 목표달성과 목표 미달성 전체에서 군사력 사용 위협의 목표달성 비율은 1.0%, 목표 미달성 비율은 2.8%로 나타났다(전체 %). 즉, 군사력 사용 위협에서 목표 미달성은 목표달성보다 많았다는 것을 알 수 있다.

봉쇄 위협에서 목표달성 2회, 목표 미달성 2회로 총 4회의 빈도수로 나타났다. 이 수치는 봉쇄 위협에서 목표달성 50.0%, 목표 미달성 50.0%의 비율로 나타났다(소분류 군사행동의 %). 목표달성에서 봉쇄 위협이 차지하는 비율은 0.2%, 목표 미달성에서 봉쇄 위협이 차지하는 비율은 0.0%의 수치이다(목표달성 여부의 %). 목표달성과 목표 미달성 전체에서 봉쇄 위협의 목표달성 비율은 0.0%, 목표 미달성 비율은 0.0%로 나타났다(전체 %). 즉, 봉쇄 위협에서 목표 미달성은 목표달성보다 많았다는 것을 알 수 있다.

영토점령 위협에서 목표달성 4회, 목표 미달성 14회로 총 18회의 빈도수로 나타났다. 이 수치는 영토점령 위협에서 목표달성 22.2%, 목표 미달성 77.8%의 비율로 나타났다(소분류 군사행동의 %). 목표달성에서 영토점령 위협이 차지하는 비율은 0.4%, 목표 미달성에서 영토점령 위협이 차지하는 비율은 0.4%의 수치이다(목표달성 여부의 %). 목표달성과 목표 미달성 전체에서 영토점령 위협의 목표달성 비율은 0.1%, 목표 미달성 비율은 0.3%로 나타났다(전체 %). 즉, 영토점령 위협에서 목표 미달성은 목표달성보다 많았다는 것을 알 수 있다.

군사력 과시에서 목표달성 204회, 목표 미달성 541회로 총 745회의 빈도수로 나타났다. 이 수치는 군사력 과시에서 목표달성 27.4%, 목표 미달성 72.6%의 비율로 나타났다(소분류 군사행동의 %). 목표달성에서 군사력 과시가 차지하는 비율은 21.7%, 목표 미달성에서 군사력 과시가 차지하는 비율은 13.5%의 수치이다(목표달성 여부의 %). 목표달성과 목표 미달성 전체에서 군사력 과시의 목표달성 비율은 4.1%, 목표 미달성 비율은 10.9%로 나타났다(전체 %). 즉, 군사력 과시에서 목표 미달성은 목표달성보다 많았다는 것을 알 수 있다.

경계태세 변경에서 목표달성 26회, 목표 미달성 96회로 총 122회의 빈도수로 나타났다. 이 수치는 경계태세 변경에서 목표달성 21.3%, 목표 미달성 78.7%의 비율로 나타났다(소분류 군사행동의 %). 목표달성에서 경계태세 변경이 차지하는 비율은 2.8%, 목표 미달성에서 경계태세 변경이 차지하는 비율은 2.4%의 수치이다(목표달성 여부의 %). 목표달성과 목표 미달성 전체에서 경계태세 변경의 목표달성 비율은 0.6%, 목표 미달성 비율은 1.9%로 나타났다(전체 %). 즉, 경계태세 변경에서 목표 미달성은 목표달성보다 많았다는 것을 알 수 있다.

군사력 동원에서 목표달성 11회, 목표 미달성 27회로 총 38회의 빈도수로 나타났다. 이 수치는 군사력 동원에서 목표달성 28.9%, 목표 미달성 71.1%의 비율로 나타났다(소분류 군사행동의 %). 목표달성에서 군사력 동원이 차지하는 비율은 1.2%, 목표 미달성에서 군사력 동원이 차지하는 비율은 0.7%의 수치이다(목표달성 여부의 %). 목표달성과 목표 미달성 전체에서 군사력 동원의 목표달성 비율은 0.2%, 목표 미달성 비율은 0.5%로 나타났다(전체 %). 즉, 군사력 동원에서 목표 미달성은 목표달성보다 많았다는 것을 알 수 있다.

국경 강화에서 목표달성 13회, 목표 미달성 132회로 총 145회의 빈도수로 나타났다. 이 수치는 국경 강화에서 목표달성 9.0%, 목표 미달성 91.0%의 비율로 나타났다(소분류 군사행동의 %). 목표달성에서 국경 강화가 차지하는 비율은 1.4%, 목표 미달성에서 국경 강화가 차지하는 비율은 3.3%의 수치이다(목표달성 여부의 %). 목표달성과 목표 미달성 전체에서 국경 강화의 목표달성 비율은 0.3%, 목표 미달성 비율은 2.6%로 나타났다(전체 %). 즉, 국경 강화에서 목표 미달성은 목표달성보다 많았다는 것을 알 수 있다.

국경 폭력행위에서 목표달성 5회, 목표 미달성 173회로 총 178회의 빈도수로 나타났다. 이 수치는 국경 폭력행위에서 목표달성 2.8%, 목표 미달성 97.2%의 비율로 나타났다(소분류 군사행동의 %). 목표달성에서 국경 폭력행위가 차지하는 비율은 0.5%, 목표 미달성에서 국경 폭력행위가 차지하는 비율은 4.3%의 수치이다(목표달성 여부의 %). 목표달성과 목표 미달성 전체에서 국경 폭력행위의 목표달성 비율은 0.1%, 목표 미달성 비율은 3.5%로 나타났다(전체 %). 즉, 국경 폭력행위에서 목표 미달성은 목표달성보다 많았다는 것을 알 수 있다.

해상봉쇄에서 목표달성 54회, 목표 미달성 13회로 총 67회의 빈도수로 나타났다. 이 수치는 해상봉쇄에서 목표달성 80.6%, 목표 미달성 19.4%의 비율로 나타났다(소분류 군사행동의 %). 목표달성에서 해상봉쇄가 차지하는 비율은 5.8%, 목표 미달성에서 해상봉쇄가 차지하는 비율은 0.3%의 수치이다(목표달성 여부의 %). 목표달성과 목표 미달성 전체에서 해상봉쇄의 목표달성 비율은 1.1%, 목표 미달성 비율은 0.3%로 나타났다(전체 %). 즉, 해상봉쇄는 다른 군사행동과는 다르게 목표달성이 목표 미달성보다 많았다는 것을 알 수 있다.

영토점령에서 목표달성 77회, 목표 미달성 58회로 총 135회의 빈도수로 나타났다. 이 수치는 영토점령에서 목표달성 57.0%, 목표 미달성 43.0%의 비율로 나타났다(소분류 군사행동의 %). 목표달성에서 영토점령이 차지하는 비율은 8.2%, 목표 미달성에서 영토점령이 차지하는 비율은 1.4%의 수치이다(목표달성 여부의 %). 목표달성과 목표 미달성 전체에서 영토점령의 목표달성 비율은 1.5%, 목표 미달성 비율은 1.2%로 나타났다(전체 %). 즉, 영토점령은 해상봉쇄와 같이 다른 군사행동과는 다르게 목표달성이 목표 미달성보다 많았다는 것을 알 수 있다.

인질/재산의 압류에서 목표달성 69회, 목표 미달성 230회로 총 299회의 빈도수로 나타났다. 이 수치는 인질/재산의 압류에서 목표달성 23.1%, 목표 미달성 76.9%의 비율로 나타났다(소분류 군사행동의 %). 목표달성에서 인질/재산의 압류가 차지하는 비율은 7.3%, 목표 미달성에서 인질/재산의 압류가 차지하는 비율은 5.7%의 수치이다(목표달성 여부의 %). 목표달성과 목표 미달성 전체에서 인질/재산의 압류의 목표달성 비율은 1.4%, 목표 미달성 비율은 4.6%로 나타났다(전체 %). 즉, 인질/재산의 압류에서 목표 미달성은 목표달성보다 많았다는 것을 알 수 있다.

공격에서 목표달성 85회, 목표 미달성 596회로 총 681회의 빈도수로 나타났다. 이 수치는 공격에서 목표달성 12.5%, 목표 미달성 87.5%의 비율로 나타났다(소분류 군사행동의 %). 목표달성에서 공격이 차지하는 비율은 9.1%, 목표 미달성에서 공격이 차지하는 비율은 14.8%의 수치이다(목표달성 여부의 %). 목표달성과 목표 미달성 전체에서 공격의 목표달성 비율은 1.7%, 목표 미달성 비율은 12.0%로 나타났다(전체 %). 즉, 공격에서 목표 미달성은 목표달성보다 많았다는 것을 알 수 있다.

충돌에서 목표달성 97회, 목표 미달성 572회로 총 669회의 빈도수로 나타났다. 이 수치는 충돌에서 목표달성 14.5%, 목표 미달성 85.5%의 비율로 나타났다(소분류 군사행동의 %). 목표달성에서 충돌이 차지하는 비율은 10.3%, 목표 미달성에서 충돌이 차지하는 비율은 14.2%의 수치이다(목표달성 여부의 %). 목표달성과 목표 미달성 전체에서 충돌의 목표달성 비율은 2.0%, 목표 미달성 비율은 11.5%로 나타났다(전체 %). 즉, 충돌에서 목표 미달성은 목표달성보다 많았다는 것을 알 수 있다.

전쟁에서 목표달성 134회, 목표 미달성 207회로 총 341회의 빈도수로 나타났다. 전쟁에서 목표달성 39.3%, 목표 미달성 60.7%의 비율로 나타났다(소분류 군사행동의 %). 목표달성에서 전쟁이 차지하는 비율은 14.3%, 목표 미달성에서 전쟁이 차지하는 비율은 5.2%의 수치이다(목표달성 여부의 %). 목표달성과 목표 미달성 전체에서 전쟁의 목표달성 비율은 2.7%, 목표 미달성 비율은 4.2%로 나타났다(전체 %). 즉, 전쟁에서 목표 미달성은 목표달성보다 많았다는 것을 알 수 있으나, 역사적으로 시행된 각 국가의 군사행동 중 해상봉쇄와 영토점령에 이어 목표달성이 가장 많았던 군사행동이었다.

카이제곱 분석결과, 유의 확률이 0.000으로 대분류 군사행동에 따라 목표달성 여부 간에는 유의미한 차이가 있는 것으로 분석되었다. 구체적으로 카이제곱 값은 595.388이고, 기대빈도가 5보다 작은 셀은 3개 (10.0%)로 20%보다 작은 것[1]으로 나타났다.

대분류 군사행동들에 대한 교차비 분석결과, 전쟁은 다른 모든 대분류 군사행동에 비해 상대적으로 목표달성비가 1.95~7.03배 높은 것으로 분석되었다. 해상봉쇄의 유용성을 분석하기 위해서, 우선, 다른 대분류 군사행동에 비해 가장 목표달성비가 높은 전쟁을 통제그룹으로 선정하여 각 소분류 군사행동들과 교차비를 측정했으며, 그 다음으로 해상봉쇄를 처리그룹으로 선정하여, 각 소분류 군사행동들과의 교차비를 비교 분석했다.

전쟁을 통제그룹, 각 소분류 군사행동들을 처리그룹으로 분석해보면, 전쟁 * 목표달성 여부 교차표와 교차비는 〈표 5-10〉과 같다.

분석결과, 군사행동 없음은 전쟁에 비해 상대적으로 목표달성비가 0.11배, 군사력 사용 위협은 0.40배, 영토점령 위협은 0.69배, 군사력 과시는 0.46배, 경계태세 변경은 0.33배, 군사력 동원은 0.49배, 국경 강화는 0.12배, 국경에서 폭력행위는 0.04배, 인질 및 재산의 압류는 0.36배, 공격은 0.17배, 충돌은 0.21배 낮았다.

반면, 봉쇄 위협은 전쟁에 비해 목표달성비가 1.21배, 해상봉쇄는 5.03배, 영토점령은 1.61배 높았다. 여기서 주목할 만한 것은 봉쇄 위협과 해상봉쇄의 목표달성비가 대분류 군사행동에서 목표달성비가 가장 높았던 전쟁 보다 높다는 것이다. 이는 국가 간 분쟁에서 해상봉쇄가 모든 군사행동에 비해 목표달성 가능성이 가장 높은 방안이며, 각 국가들

---

[1] 카이제곱 검정을 통해 유의성을 판단하려고 하면, 기대빈도가 5 미만인 셀이 전체 셀의 20% 미만이어야 한다는 전제를 만족해야 한다. 왜냐하면, 이 전제를 충족하지 못하면 카이제곱 분포에서 벗어나기 때문이다. 노경섭, 『제대로 알고 쓰는 논문 통계분석』, p. 190.

〈표 5-10〉 전쟁*목표달성 여부 교차표와 교차비

구분	목표달성 여부(회)		전체 (회)	교차비 (OR)
	목표달성	목표 미달성		
군사행동 없음 (처리그룹 1)	112	1,217	1,329	0.11
군사력 사용 위협 (처리그룹 2)	46	140	186	0.40
봉쇄 위협 (처리그룹 3)	2	2	4	1.21
영토점령 위협 (처리그룹 4)	4	15	19	0.69
군사력 과시 (처리그룹 5)	204	541	745	0.46
경계태세 변경 (처리그룹 6)	26	96	122	0.33
군사력 동원 (처리그룹 7)	11	27	38	0.49
국경 강화 (처리그룹 8)	13	132	145	0.12
국경 폭력행위 (처리그룹 9)	5	173	178	0.04
해상봉쇄 (처리그룹 10)	54	13	67	5.03
영토점령 (처리그룹 11)	77	58	135	1.61
인질/재산 압류 (처리그룹 12)	69	230	299	0.36
공격 (처리그룹 13)	85	596	681	0.17
충돌 (처리그룹 14)	97	572	669	0.21
전쟁 (처리그룹 15)	134	207	341	1.00
전쟁 (통제그룹)	134	207	341	-

은 분쟁에서 자국의 목표와 이익을 달성하기 위해 가장 우선적으로 고려할 수 있는 군사적 옵션 중 하나가 해상봉쇄라는 것은 말해주고 있다.

해상봉쇄가 다른 군사행동에 비해 목표달성비가 얼마나 높은지 해상봉쇄를 처리그룹으로, 각 소분류 군사행동들을 통제그룹으로 하여 교차비를 비교분석한 결과는 〈표 5-11〉과 같다.

해상봉쇄는 군사행동 없음에 비해 상대적으로 45.1배, 군사력 사용

구분	목표달성 여부(회)		전체 (회)	교차비 (OR)
	목표달성	목표 미달성		
해상봉쇄 (처리그룹)	54	13	67	–
군사행동 없음 (통제그룹 1)	112	1,217	1,329	45.10
군사력 사용 위협 (통제그룹 2)	46	140	186	12.60
봉쇄 위협 (통제그룹 3)	2	2	4	4.20
영토점령 위협 (통제그룹 4)	4	15	19	15.60
군사력 과시 (통제그룹 5)	204	541	745	11.00
경계태세 변경 (통제그룹 6)	26	96	122	15.30
군사력 동원 (통제그룹 7)	11	27	38	10.20
국경 강화 (통제그룹 8)	13	132	145	42.20
국경 폭력행위 (통제그룹 9)	5	173	178	143.70
해상봉쇄 (통제그룹 10)	54	13	67	1.00
영토점령 (통제그룹 11)	77	58	135	3.10
인질/재산 압류 (통제그룹 12)	69	230	299	13.90
공격 (통제그룹 13)	85	596	681	29.10
충돌 (통제그룹 14)	97	572	669	24.50
전쟁 (통제그룹 15)	134	207	341	6.42

위협에 비해 12.6배, 봉쇄 위협에 비해 4.2배, 영토점령 위협에 비해 15.6배, 군사력 과시에 비해 11배, 경계태세 변경에 비해 15.3배, 군사력 동원에 비해 10.2배, 국경 강화에 비해 42.2배, 국경에서 폭력행위에 비해 143.7배, 영토점령에 비해 3.1배, 인질 및 재산의 압류에 비해 13.9배, 공격에 비해 29.1배, 충돌에 비해 24.5배 목표달성 가능성이 큰 군사행동으로 분석되었다.

전쟁에 비해 해상봉쇄의 목표달성 가능성은 6.42배 컸는데, 이는 각 국가가 분쟁 발생 시 상대적으로 목표달성 가능성이 낮은 전쟁 대신에 유용한 정책적 선택지로 해상봉쇄를 고려할 수 있음을 간접적으로 말해 주고 있다. 특히, 위 연구결과와 함께 해상교통로의 구조적 취약점과 과도한 해외 의존도 등 한국의 불리한 전략적 환경은 분쟁 시 비우호적인 국가가 우리의 해상교통로에 대한 해상봉쇄 정책을 선택할 수 있게끔 하는 중요한 동인이 될 수 있다는 점에서 우리에게 주는 시사점이 크다.

2) 해상봉쇄의 상대적 인명손실(명) 검증결과

국가 간 군사행동 데이터를 활용하여 인명손실(명)을 분석한 결과는 〈표 5-12〉와 같다. 표에서 보는 바와 같이 군사행동 없음, 군사력 사용 위협, 봉쇄 위협, 영토점령 위협, 군사력 동원은 인명손실이 없었다. 군사력 과시의 경우 전체 193명, 평균 0.3명, 목표달성의 경우 총 17명, 평균 0.1명이었고, 경계태세 변경은 전체 95명, 평균 0.8명, 목표달성의 경우 손실이 없었다. 국경 강화는 전체 17명, 평균 0.1명, 목표달성의 경우 총 16명, 평균 1.2명, 국경에서 폭력행위는 전체 303명, 평균 1.7명, 목표달성의 경우 손실이 없었다.

해상봉쇄의 전체 인명손실(명)은 총 320명, 평균 4.8명, 목표를 달성한 경우에도 총 304명, 평균 5.6명으로 분석되었다. 인질 및 재산의 압류는 전체 886명, 평균 3명, 목표달성의 경우 총 178명, 평균 2.6명, 공격은 전체 6,456명, 평균 9.5명, 목표달성의 경우 총 2,630명, 평균 30.9명, 충돌은 전체 25,454명, 평균 38명, 목표달성의 경우 총 4,350명, 평균

<표 5-12> 분쟁 시 각 군사행동과 인명손실(명)

구분	전체 인명손실(명)		목표달성시 인명손실(명)	
	총 인명손실	평균	총 인명손실	평균
군사행동 없음	0	0.0	0	0.0
군사력 사용 위협	0	0.0	0	0.0
봉쇄 위협	0	0.0	0	0.0
영토점령 위협	0	0.0	0	0.0
군사력 과시	193	0.3	17	0.1
경계태세 변경	95	0.8	0	0.0
군사력 동원	0	0.0	0	0.0
국경 강화	17	0.1	16	1.2
국경 폭력행위	303	1.7	0	0.0
해상봉쇄	320	4.8	304	5.6
영토점령	448	3.3	174	2.3
인질/재산 압류	886	3.0	178	2.6
공격	6,456	9.5	2,630	30.9
충돌	25,454	38.0	4,350	44.9
전쟁	223,410	655.0	104,451	779.5
전체	257,582	52.0	112,120	119.4

44.9명, 전쟁의 경우 전체 223,410명, 평균 655명, 목표달성의 경우 총 104,451명, 평균 779.5명이었다.

위 분석만으로 평가해볼 때, 해상봉쇄의 인명손실(명)은 다른 군사 행동에 비해 상대적으로 적지 않았다. 하지만, 실질적인 군사행동이 없 거나, 분쟁당사국 간 직접적인 접촉이 없었던 군사적 위협과 같은 군사 행동들은 인명손실(명)이 거의 없을 수밖에 없으므로, 비교대상으로 타 당하지 않을 수 있다. 따라서, 교차비 분석에서 상대적으로 목표달성비

가 높았던 군사행동들 ― 전쟁, 영토점령 ― 과 비교하여 평가하는 것이
보다 합리적이다.

먼저, 전체 인명손실(명)은 총 257,582명으로 평균 52명이었으며,
이 중 목표를 달성했던 군사행동의 경우 손실은 총 112,120명으로 평균
약 119.4명이었다.[2] 이는 군사행동과 군사적 접촉이 없었던 군사행동들
(군사행동 없음, 군사력 사용 위협, 봉쇄 위협, 영토점령 위협)을 포함하고 있기 때
문에 이를 제외할 경우 평균 약 75.3명이었으며, 이 중 목표를 달성했던
군사행동의 경우 손실은 총 평균 약 144.7명으로 증가했다. 이에 비해
해상봉쇄의 경우 손실은 총 320명, 평균 약 4.8명, 목표를 달성한 경우
에도 총 304명, 평균 약 5.6명으로 매우 적게 나타났다.

대분류 군사행동들 중 목표달성비가 가장 높았던 전쟁의 경우[3] 전
체 손실은 총 223,410명으로 평균 약 655명이었으며, 이 중 목표를 달성
했던 전쟁의 손실은 총 104,451명, 평균 약 779.5명으로, 해상봉쇄는 전
쟁에 비해 손실이 매우 적은 군사행동으로 분석되었다.

소분류 군사행동들 중 목표달성비가 전쟁보다 높았던 영토점령의
전체 손실은 총 448명, 평균 약 3.3명이었고, 목표달성의 경우 총 174
명, 평균 약 2.3명으로, 해상봉쇄는 영토점령보다 손실이 다소 많게 나
타났다.

각 군사행동의 손실 수로만 평가해볼 때, 해상봉쇄는 전체 군사행동
들과 전쟁보다 손실이 매우 적은 효율적인 군사행동으로 평가할 수 있으

---

2 MID B 데이터는 1,000명 이상의 손실이 있었던 전쟁의 경우도 최대 손실을 1,000명까지만
   제공하므로, 제시된 값은 최소 인명손실(명) 값과 같다고 볼 수 있다.
3 전쟁은 다른 대분류 군사행동에 비해 목표달성비가 1.95~8.98배 높았다. 소분류 군사행동
   중 봉쇄 위협은 전쟁에 비해 1.21배, 해상봉쇄는 5.03배, 영토점령은 1.61배 높았다.

나, 영토점령이나 비접촉 군사행동들에 비해서는 손실이 다소 많았다.

분쟁은 각 국가 간에 양립할 수 없는 목표와 이익의 충돌이다. 따라서, 각 국가의 정치 지도자들은 이를 달성하기 위해 다양한 군사적 행동으로 상대국가를 포기하게 만들고자 노력한다. 그 과정에서 인명피해 없이 설정된 목표를 달성할 수 있다면, 일련의 다른 조치 없이 국가가 설정한 목적을 달성할 수 있으므로 매우 유용한 방법이라 할 수 있다.

그러나, 이는 이상적인 주장이며 현실은 달랐다. 역사적으로 시행된 총 4,958회 사례 중, 군사적 위협, 군사력 현시 등에 비해 상대적으로 손실이 많았던 군사력 사용과 전쟁이 2,192회로 거의 과반(44.5%)을 차지하고 있다.

또한, 〈표 5-13〉에서 보는 바와 같이 군사행동의 목표달성비와 목표달성률이 해상봉쇄, 영토점령 및 전쟁과 같이 상호 간에 직접적인 군사력 접촉행위에서 높게 나타난 사실은 정치 지도자가 어느 정도 인명피해를 감수하면서까지도 자국의 목표와 이익을 추구했다는 것을 말해 주고 있다.

사실 일정 부분 손실을 감내해야만 목표를 달성할 수 있었다는 것이 보다 정확한 표현일 것이다. 따라서 해상봉쇄가 영토점령이나 비접촉 군사행동들에 비해 상대적으로 손실이 다소 많았기 때문에 해상봉쇄의 유용성이 상대적으로 낮다고 판단할 수는 없는 것이다.

정치 지도자는 자국의 목표와 이익을 달성하기 위해 군사행동을 최후의 수단(last resort)으로 사용한다. 이 과정에서 정치 지도자가 인명손실(명)이 없는 군사행동을 실시하여 목표와 이익을 달성하는 것이 가장 이상적이다. 하지만, 두 국가 이상이 상호작용하는 분쟁의 현실에서 이를 추구하는 것은 매우 어렵다. 따라서, 정치 지도자들은 일정 부분 희

<표 5-13> 분쟁 시 각 군사행동의 목표달성율과 목표달성비

구분	목표달성비(해상봉쇄 대비)	목표달성율(%)
군사행동 없음	0.02	8.4
군사력 사용 위협	0.08	24.7
봉쇄 위협	0.24	50.0
영토점령 위협	0.23	21.1
군사력 과시	0.09	27.4
경계태세 변경	0.07	21.3
군사력 동원	0.10	29.0
국경 강화	0.02	9.0
국경 폭력행위	0.01	2.8
해상봉쇄	1	80.6
영토점령	0.32	57.0
인질/재산 압류	0.07	23.1
공격	0.03	12.5
충돌	0.04	14.5
전쟁	0.16	39.3

생을 감내하면서까지 목표를 달성하고자 노력한다. 결국 인명손실(명)의 문제는 한 국가가 목표를 달성함으로써 획득할 수 있는 이익의 정도가 어느 정도인가를 우선적으로 고려한 다음에 평가해야 하는 정책적 고려사항이다.

인명손실(명)이 평균 약 5~6명 수준이며, 타 군사행동에 비해 상대적으로 매우 높은 목표달성율과 목표달성비를 갖는 해상봉쇄는 군사적으로 매우 유용한 군사행동인 동시에, 정치 지도자들이 국가정책의 수단으로 사용할 수 있는 매력적인 수단이 될 수 있는 것이다.

3) 해상봉쇄의 상대적 분쟁 소요기간(일) 검증결과

각 군사행동들의 분쟁 소요기간(일)을 분석한 결과는 〈표 5-14〉와 같다. 표에서 보는 바와 같이 군사행동 없음의 경우, 전체 112,458일, 평균 85일, 목표달성의 경우 총 14,058일, 평균 126일이었고, 군사력 사용 위협은 전체 25,585일, 평균 138일, 목표달성의 경우 총 8,687일, 평균

〈표 5-14〉 분쟁 시 각 군사행동과 분쟁 소요기간(일)

구분	전체 소요기간(일)		목표달성 시 소요기간(일)	
	총 소요기간	평균	총 소요기간	평균
군사행동 없음	112,458	85	14,058	126
군사력 사용 위협	25,584	138	8,687	189
봉쇄 위협	149	37	41	21
영토점령 위협	1,106	101	456	114
군사력 과시	137,745	185	70,614	346
경계태세 변경	17,088	140	6,270	241
군사력 동원	8,688	229	4,212	383
국경 강화	23,330	161	5,934	457
국경 폭력행위	15,080	85	882	176
해상봉쇄	29,178	435	25,265	468
영토점령	25,709	190	15,802	205
인질/재산 압류	36,958	124	11,144	162
공격	126,572	186	24,442	288
충돌	208,070	310	47,638	491
전쟁	275,576	808	124,827	932
전체	1,043,291	211	360,272	384

189일, 봉쇄 위협은 전체 149일, 평균 37일, 목표달성의 경우 총 41일, 평균 21일, 영토점령 위협은 전체 1,106일, 평균 101일, 목표달성의 경우 456일, 평균 114일이었다.

군사력 과시는 전체 137,745일, 평균 185일, 목표달성의 경우 총 70,614일, 평균 346일, 경계태세 변경은 17,088일, 전체 140일, 목표달성의 경우 6,270일, 평균 241일, 군사력 동원은 전체 8,688일, 평균 229일, 목표달성의 경우 총 4,212일, 평균 383일, 국경 강화는 전체 23,330일, 평균 161일, 목표달성의 경우 5,934일, 평균 457일, 국경에서 폭력행위는 전체 15,080일, 평균 85일, 목표달성의 경우 총 882일, 평균 176일로 분석되었다.

해상봉쇄는 전체 29,178일, 평균 435일, 목표달성의 경우 총 25,265일, 평균 468일, 영토점령의 경우 전체 25,709일, 평균 190일, 목표달성의 경우 총 15,802일, 평균 205일, 인질 및 재산의 압류는 전체 36,958일, 평균 124일, 목표달성의 경우 총 11,144일, 평균 162일, 공격은 전체 126,572일, 평균 186일, 목표달성의 경우 24,442일, 평균 288일, 충돌은 전체 208,070일, 평균 310일, 목표달성의 경우 총 47,638일, 평균 491일, 전쟁은 전체 275,576일, 평균 808일, 목표달성의 경우 124,827일, 평균 932일이었고, 전체 분쟁 소요기간(일)은 총 1,044,034일로 평균 211일, 이 중 목표를 달성했던 군사행동의 경우 360,272일, 평균 384일로 나타났다.

전체 분쟁 소요기간(일)이 가장 많았던 군사행동 순으로 분석해보면, 전쟁이 평균 808일(해상봉쇄 대비 +373일)로 가장 길었으며, 해상봉쇄, 충돌(해상봉쇄 대비 -125일), 군사력 동원(해상봉쇄 대비 -206일), 영토점령(해상봉쇄 대비 -245일), 공격(해상봉쇄 대비 -249일), 군사력 과시(해상봉쇄 대비

-250일), 국경 강화(해상봉쇄 대비 -274일), 군사력 사용 위협(해상봉쇄 대비 -297일), 경계태세 변경(해상봉쇄 대비 -295일), 인질 및 재산의 압류(해상봉쇄 대비 -311일), 영토점령 위협(해상봉쇄 대비 -334일), 국경에서 폭력/군사행동 없음(해상봉쇄 대비 -350일), 봉쇄 위협(해상봉쇄 대비 -398일) 순으로 나타났다.

목표달성 시 분쟁 소요기간(일)에서도 전쟁이 932일(해상봉쇄 대비 +464일)로 가장 길었으며, 충돌(해상봉쇄 대비 +23일), 해상봉쇄, 국경강화(해상봉쇄 대비 -11일), 군사력 동원(해상봉쇄 대비 -85일), 군사력 과시(해상봉쇄 대비 -122일), 공격(해상봉쇄 대비 -180일), 경계태세 변경(해상봉쇄 대비 -227일), 영토점령(해상봉쇄 대비 -263일), 군사력 사용 위협(해상봉쇄 대비 -279일), 국경에서 폭력행위(해상봉쇄 대비 -292일), 인질 및 재산의 압류(해상봉쇄 대비 -306일), 군사행동 없음(해상봉쇄 대비 -342일), 영토점령 위협(해상봉쇄 대비 -354일), 봉쇄 위협(해상봉쇄 대비 -447일) 순으로 분석되었다.

전체 군사행동 소요기간과 해상봉쇄 소요기간을 분석해보면, 해상봉쇄는 전체 군사행동의 평균 211일에 비해 224일(약 0.6년), 목표달성의 경우 평균 384일에 비해 84일(약 0.2년) 길게 소요되었다.

교차비 분석에서 상대적으로 목표달성비가 높았던 군사행동들인 전쟁, 영토점령과 비교해보면, 해상봉쇄는 전체 평균 808일이 소요된 전쟁에 비해서는 373일(약 1년), 목표달성 시 평균 464일(약 1.3년)이 짧게 소요되는 군사행동이었고, 영토점령에 비해서는 각각 245일(약 0.7년), 263일(약 0.7년) 더 소요되는 것으로 분석되었다.

3. 해상봉쇄의 유용성 종합 판단

국가 간 군사행동 데이터를 활용하여 해상봉쇄의 유용성을 분석한 결과, 〈그림 5-1〉과 같이 해상봉쇄는 목표달성비(比), 인명손실(명) 및 분쟁 소요기간(일)이 각각 1 / 6명 / 468일인 데 반해, 전쟁은 각각 0.16 / 780명 / 932일인 것으로 분석되었다. 즉, 해상봉쇄는 전쟁에 비해 목표달성 가능성이 높고, 인명손실도 매우 적으며, 분쟁 소요기간도 과반 정도나 짧았다. 따라서, 해상봉쇄는 전쟁보다 국가정책을 뒷받침할 수 있는 유용한 군사행동으로 평가할 수 있다.

분석결과에 대해서는 다음 두 가지 측면에서 논의해볼 필요성이 있다. 먼저, 왜 전쟁보다 해상봉쇄가 목표달성 가능성이 높을 수밖에 없었는가에 대한 논의이다. 막상 전쟁이 시작되면, 정치 지도자는 패배와 항복을 선택하기 어렵다. 왜냐하면, 한 국가가 전쟁에 돌입한다는 것은 국가의 존망 또는 정부의 몰락과 관련된 것이기 때문이다. 따라서, 일단 전쟁이 시작되면, 정치 지도자는 필사적인 대항을 선택할 수밖에 없을 가능성이 높다. 이는 자신의 정치적 생명과도 직접적인 관련성이 있기 때문이다.

반면, 해상봉쇄는 상대방에게 정치적 요구를 수용하도록 강요하는 전쟁에 이르지 않는 군사행동이다. 해상봉쇄가 시행되면 피봉쇄국은 봉쇄국의 정치적 요구를 수용할 것인가, 말 것인가에 대한 이해득실과 같은 전략적 계산을 할 수밖에 없다. 대부분 해상봉쇄를 시행하는 국가는 상대방에 비해 우세한 해군력을 보유한 국가일 것이므로, 피봉쇄국은 봉쇄국의 정치적 요구 수용이 국가적으로 손실이긴 하지만, 전쟁을 수행함으로써 감당해야만 하는 손실보다 상대적으로 적을 것이므로 봉쇄

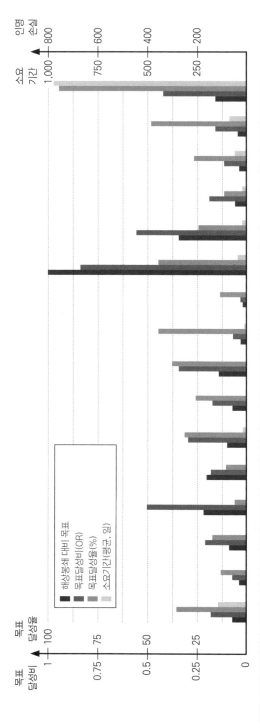

구분	전체	군사 행동 없음	군사력 사용 위협	봉쇄 위협	영토 점령 위협	군사력 과시	경제 태세 변경	군사력 동원	국경 강화	국경 독립 권위 없음	해상 봉쇄	영토 점령	인질 자산 압류	공격	충돌	전쟁
목표달성비 (봉쇄대비, OR)	0.06	0.02	0.08	0.24	0.23	0.09	0.07	0.10	0.02	0.01	1	0.32	0.07	0.03	0.04	0.16
목표달성률(%)	19.0	8.4	24.7	50.0	21.1	27.4	21.3	29.0	9.0	2.8	80.6	57.0	23.1	12.5	14.5	39.3
소요기간(평균, 일)	384	126	189	21	114	346	241	383	457	176	468	205	162	288	491	932
인명손실(평균, 명)	-119	0	0	0	0	0.1	0	0	1	0	6	2	3	31	45	779.5

범례:
- 해상봉쇄 대비 목표
- 목표달성비(OR)
- 목표달성율(%)
- 소요기간(평균, 일)

목표달성비 척도: 1 / 0.75 / 0.5 / 0.25 / 0
목표달성율 척도: 100 / 75 / 50 / 25 / 0
소요기간 척도: 1,000 / 750 / 500 / 250 / 0
인명손실 척도: 800 / 600 / 400 / 200

〈그림 5-1〉 해상봉쇄 유용성 검증결과 종합판단

국의 요구를 수용하게 되는 것이다. 즉, 자신의 국가와 자신이 통치하는 정부 집단의 몰락보다는 봉쇄국의 요구를 수용하는 것이 더욱 현명한 방법이 될 것이므로, 해상봉쇄는 전쟁에 비해 목표달성 가능성이 높은 군사행동으로 평가할 수 있는 것이다.

둘째, 해상봉쇄에 소요되는 기간에 대한 논의이다. 〈그림 5-1〉과 같이 해상봉쇄는 다른 군사행동에 비해 목표달성비와 목표달성율이 매우 높다. 또한, 인명손실(명) 면에서도 해상봉쇄는 직접적인 군사력이 접촉하는 군사행동인 영토점령, 인질 및 재산의 압류, 공격, 충돌, 전쟁과 비교 시에도 매우 효과적인 군사행동이라고 평가할 수 있다.

반면, 해상봉쇄는 전쟁과 충돌에 비해서 분쟁 소요기간(일)이 적게 소요되었으나, 전체 군사행동 평균과 기타 다른 군사행동 보다 길게 소요되었다. 따라서, 해상봉쇄의 효율성은 상대적으로 낮은 것으로 평가될 여지가 있다.

그러나, 해상봉쇄는 소요기간 면에서 다음 두 가지 논의를 통해 다른 군사행동보다 효율적인 군사행동으로 분석할 수 있다. 먼저, 해상봉쇄가 분명히 상대방에게 자극적인 행위이다. 그럼에도 불구하고, 해상봉쇄는 비전투적인 행위로서 상대방에게 감당할 수 있는 압력을 가하는 경우가 많아 그 효과를 발휘하기에는 비교적 오랜시간이 소요될 수 있다. 하지만, 해상봉쇄국은 이 기간 동안 피봉쇄국 세력의 핵심에 대해 직접적인 위협을 준다는 인상을 피하면서, 피봉쇄국의 영역에서 떨어져 강압을 지속적으로 행사할 수 있다. 따라서, 해상봉쇄에 소요되는 기간은 과도한 분쟁의 상승작용을 억제하고, 분쟁해결을 위한 전략적 계산을 수행할 적절한 시간을 허용하는 기간인 것이다. 즉, 해상봉쇄 기간은

분쟁의 조심스러운 해결 가능성을 높이는 시간인 것이다.[4]

둘째, 해상봉쇄는 해양을 통제할 수 있는 정도의 우세한 해군력을 보유해야만 강제가 가능하다는 점이다.[5] 분쟁 소요기간(일)은 군사행동 시행 국가에게나 피시행 국가에게나 정치, 경제 및 사회적으로 많은 부정적인 영향을 미칠 수 있다. 앞서 언급한 바와 같이 위기가 전쟁으로의 진행될수록 전반적으로 한 국가의 정치(폭력행위 및 정부 불안정), 경제 및 사회적 상황(생필품의 부족, 생활비용의 증가, 식료품 값의 상승)은 현저하게 불안정해질 가능성이 증가했다. 이는 분쟁 소요기간(일)의 증가로 인해 국가가 정치 · 경제적으로 불안정해질 가능성을 말해준다.

그러나, 불안정성은 각 국가 간의 상대적인 국력의 크기에 따라 달라질 수 있다. 해상봉쇄는 우세한 해군력이 있어야만 수행할 수 있다. 따라서, 일반적으로 봉쇄국은 피봉쇄국에 비해 국력이 강할 가능성이 높다. 이로 인해 해상봉쇄로 인한 피해는 봉쇄국보다 피봉쇄국에게 훨씬 더 큰 정치 · 경제적 피해를 강요할 수 있으며, 이는 시간에 비례하여 기하급수적으로 증가한다. 반면, 봉쇄국에게 해상봉쇄 소요기간은 피봉쇄국에게 자신보다 훨씬 더 큰 피해를 강요함으로써 정치적 요구를 수용할 수 있게 하는 기간이며, 자신에게는 감당할 만한 손실을 인내하는 시간일 뿐인 것이다.

해상봉쇄는 상대적으로 국력이 우세한 국가가 전쟁에 이르지 않는 방법으로 피봉쇄국에게 자국의 이익을 강요할 수 있는 효과적이며 효율적인 정치적 수단으로 평가할 수 있는 것이다. 이는 현실주의적 관점에

---

4   양병은, "해상봉쇄 전략의 현대적 가치", 『해양전략』 76호(1992), p. 78.

5   Geoffrey Till, *Maritime Strategy and The Nuclear Age*, p. 206.

서 주변 강대국으로 둘러쌓인 우리에게 중요한 시사점을 제공해준다. 즉, 주변 강대국들은 한국과 분쟁 발생 시, 또는 분쟁 발생에 대비해 해상봉쇄를 유용한 방법으로 고려하거나, 선택할 가능성도 배제하지 않을 가능성이 크다. 왜냐하면, 주변 강대국들은 이미 한국의 해상교통로에 대한 봉쇄작전을 수행할 수 있는 충분한 능력과 의지를 갖추고 있기 때문이다.

제2절 해상봉쇄의 경제적 효과 측정결과

해상봉쇄가 한 국가의 정책목표를 달성하기 위해 매우 유용한 군사적 수단이라는 것을 정량적인 분석을 통해 검증했다. 이 검증결과는 주변 강대국들이 한국과 분쟁을 수행할 경우, 국가정책 목표를 달성하기 위해 선택해야 할 효과적이고 효율적인 군사적 수단이 무엇인지를 말해준다. 특히, 과도한 해양 의존도와 구조적으로 취약한 긴 해상교통로를 가진 한국을 대상으로 분쟁을 수행해야 할 경우, 해상봉쇄는 주변 강대국들에게 매력적인 정책수단으로 인식될 가능성이 높다.

일반적으로 정치적 목적 달성 정도는 상대방에게 줄 수 있는 손실 정도에 비례한다고 볼 수 있다. 상대방에게 큰 손실을 가할 수 있는 군사행동일수록 자신의 정치적 요구를 상대방에게 강요하기 쉽다. 이는 앞서 분석한 바와 같이 해상봉쇄와 전쟁 등과 같은 군사행동이 높은 목표달성비와 목표달성율을 나타내는 것을 통해서도 잘 알 수 있다.

이 절에서는 한국의 해상교통로 봉쇄가 경제에 어느 정도의 영향을 미치는지를 정량적으로 제시함으로써, 세계 경제와 소통하는 생명선인 해상교통로 보호의 시급성과 불가피성에 대한 논리를 제공하고자 했다.

1. 한국의 해상수출 의존도

2020년 기준 한국의 수출물동량은 총 276,632,233톤(화물중량 기준)[6]으로, 이 중 99.5%인 275,220,736톤이 해상, 0.5%인 1,411,497톤이 항공 또는 육로를 통해 운송되었다.[7] 이 통계는 한국으로부터 해외로 수출되는 물동량 대부분이 해상교통로를 통해 운송되고 있다는 사실을 말해준다. 수출물동량이 운송되는 한국의 해상교통로는 각 자료마다 다르게 구분하고 있으나, 해군의 분류에 따라 한일, 한중, 남방, 북항항로의 네 개 항로로 구분[8]하여 해상수출 의존도를 분석했다. 각 항로별 주요 통과 지역과 해협, 주요 항구, 항해거리 및 항해시간은 〈표 5-15〉와 같다.

관세청은 해상수출 물동량을 대륙별, 국가별로 구분하여 제공하고 있다. 따라서, 이를 해군의 분류에 따라 재범주화했다. 관세청에서는 대륙별로 아시아, 북미, 유럽, 중남미, 오세아니아, 중동, 아프리카, 대양주로 구분하여 수출물동량을 제공하므로, 아시아(일본, 중국 및 러시아 제외), 중동, 유럽, 아프리카, 오세아니아, 대양주는 남방항로, 러시아와 북·중·남미는 북방항로, 아시아 중 일본은 한일항로, 아시아 중 중국은 한중항로로 그룹화했다.

---

6   이를 수출금액으로 환산하면 5,124억 9,804만 달러로, 달러당 한화 1,000원으로 환산하면 512조 4,980억 4천만 원이다. 이는 2020년 정부예산 513조 9,000억 원의 99.7%에 해당한다.

7   관세청 홈페이지 "수출입 화물통계 자료", https://unipass.customs.go.kr/ets/index.do

8   해군에서는 4대 주요 해상교통로를 부산에서 일본을 오가는 한일항로, 서해에서 중국에 이르는 한중항로, 남해에서 남지나해와 말라카해협을 통해 동남아, 중동, 유럽으로 가는 남방항로, 동해에서 일본과 북해도 사이를 지나 태평양으로 진출하는 북방방로로 구분한다. 해군 전력분석시험평가단, 『해양전략용어 해설집』, p. 146.

<표 5-15> 한국의 해상교통로 현황

항로	주요 통과지역, 주요 해협	주요 항구	거리 (NM)	시간 (12kts기준)
한일항로	대한해협, 쓰시마해협	요코하마	636	2일 5시간
한중항로	서해 잠정조치수역	상하이	510	1일 19시간
동남아	말라카, 동·남중국해	싱가포르	2,532	8일 18시간
남방항로 · 대양주, 오세아니아	롬보크	시드니	4,606	15일 23시간
중동	호르무즈, 말라카, 동남중국해	쿠웨이트	6,231	21일 15시간
유럽	말라카, 수에즈, 지브랄타, 동남중국해	런던	11,549	40일 2시간
아프리카	말라카, 동남중국해	케이프타운	9,600	33일 8시간
북방항로 · 한러항로	대한해협, 오수미	블라디보스톡	509	1일 18시간
북미동안	파나마	뉴욕	9,425	32일 18시간
북남미서안	오수미, 쓰가루	리우데자네이루	12,092	41일 23시간

출처: 안보경영연구원, "해상교통로 보호를 위한 해군전력 발전방안 연구", p. 225-33; 관세청 홈페이지 "수출입 화물통계 자료"의 내용을 네 개 항로별로 그룹화했음.

한국의 해상수출 물동량은 〈표 5-16〉에서와 같이 남방항로(41.2~48.4%)를 통해 가장 많이 수출되었으며, 그 다음으로 한중항로(24.5~29.5%), 북방항로(17.0~19.1%), 한일항로(10.1~10.4%) 순으로 나타났다. 특히, 2020년 기준 전체 수출의 약 71%가 미·중 패권경쟁의 중심지인 동중국해와 남중국해를 지나는 남방항로와 한중항로에 집중되어 이루어지고 있다.

<표 5-16> 해상교통로별 수출물동량 현황

구분		2017	2018	2019	2020
총계	물동량(천톤)	283,381,254	292,269,585	292,771,208	275,220,736
	2017년 대비(%)	100.0	103.1	103.3	97.1
한일	물동량(천톤)	28,750,900	31,198,380	30,463,466	28,255,644
	총계 대비(%)	10.1	10.7	10.4	10.3
	2017년 대비(%)	100.0	108.5	106.0	98.3
한중	물동량(천톤)	69,323,446	75,712,822	74,582,175	81,218,961
	총계 대비(%)	24.5	25.9	25.5	29.5
	2017년 대비(%)	100.0	109.2	107.6	117.2
남방	물동량(천톤)	137,177,167	131,973,414	131,857,815	113,379,910
	총계 대비(%)	48.4	45.2	45.0	41.2
	2017년 대비(%)	100.0	96.2	96.1	82.7
북방	물동량(천톤)	48,129,741	53,384,969	55,867,752	52,366,221
	총계 대비(%)	17.0	18.3	19.1	19.0
	2017년 대비(%)	100.0	110.9	116.1	108.8

출처: 관세청 홈페이지 "수출입 화물통계 자료(2017~2020년)" 재구성

수출물동량 증가는 2017년 대비 한중항로가 117.2%로 가장 컸으며, 그 다음으로 북방항로(108.8%), 한일항로(98.3%), 남방항로(82.7%) 순이었다. 이는 단순히 대(對)중국 경제 의존도가 증가했다는 것을 의미하지 않는다. 왜냐하면, 2017년 한반도 사드 배치 및 2010년 중국의 대(對)일본 희토류 분쟁, 그리고 현재도 시행되고 있는 중국의 경제적 강압 정책들 때문이다. 대(對)중국 수출 의존도 증대는 한국경제의 대(對)중국 취약성이 그만큼 증가했다는 것을 의미한다고 볼 수 있다.

2. 해상봉쇄의 효과 측정결과

한국의 해상교통로 봉쇄로 인해 한국경제에 미치는 영향은 직접효과와 파급효과로 구분하여 측정해야 한다. 그 이유는 수출품이 각 수출대상국에 직접적으로 얼마에 팔렸는가와 그 수출품을 생산하기 위해 국내 산업에 얼마만한 유발효과를 발생시켰는가를 동시에 고려해야 하기 때문이다.

직접효과는 관세청과 한국무역협회의 수출 통계자료를 통해 산출할 수 있으며, 파급효과(생산유발손실액, 부가가치유발손실액 및 고용유발손실인원)는 산업연관분석을 통해 추산할 수 있다.

직접효과는 관세청과 한국무역협회에서 제공하는 2019년 전체 수출액을 적용했다. 파급효과를 측정하기 위해 관세청과 한국무역협회에서 제공하는 수출품목 항목과 2019년 한국은행 상품분류표 중 대분류 항목을 연결했다. 각 해당하는 수출품목별 생산유발손실계수, 부가가치유발손실계수 및 고용손실계수를 2019년 한국은행 산업연관표를 이용하여 도출한 다음, 각 품목별 수출 최종수요액을 곱하여 생산유발손실액, 부가가치유발손실액 및 고용손실인원을 산출했다. 2019년 수출산업 부문 분류표를 측정한 결과는 〈표 5-17〉과 같다.

〈표 5-17〉의 2019년 수출산업 부문 분류표를 기반으로 2019년 산업연관표에서 측정한 생산유발손실계수, 부가가치유발손실계수 및 고용유발손실계수는 〈표 5-18〉과 같다. 전 산업의 평균 생산유발손실계수는 1.847, 부가가치유발손실계수는 0.647, 고용유발손실계수는 5.208이었다. 이는 최종수요 1단위(고용유발손실인원은 10억 원당) 증가할 때, 국내 전 산업에 1.847만큼 생산손실을 유발시켰으며, 이러한 생산유발손

〈표 5-17〉 2019년 수출산업 부문 분류표

구분	수출산업 부문	구분	수출산업 부문
1	농림수산품	8	1차 금속제품
2	광산품	9	금속가공제품
3	음식료품	10	컴퓨터, 전자/광학기기
4	섬유 및 가죽제품	11	전기장비
5	목재 및 종이제품	12	운송장비
6	화학제품	13	기타 제조업제품
7	비금속광물제품	–	–

〈표 5-18〉 2019년 수출산업 유발손실계수

수출산업 부문	생산유발 손실계수	부가가치 유발손실계수	고용유발 손실계수
농림수산품	7.763	3.963	12.580
광산품	13.322	6.290	44.562
음식료품	2.405	0.615	4.616
섬유 및 가죽제품	1.440	0.293	3.735
목재 및 종이제품	3.619	1.167	10.051
화학제품	1.701	0.465	2.443
비금속광물제품	2.491	0.763	5.243
1차 금속제품	2.090	0.392	1.768
금속가공제품	3.619	1.288	10.209
컴퓨터, 전자/광학기기	1.274	0.513	1.591
전기장비	1.806	0.514	3.611
운송장비	1.408	0.305	2.579
기타 제조업제품	1.459	0.413	6.169
수출산업 부문의 평균	2.925	1.040	2.614
전 산업의 평균	1.847	0.647	5.208

실에 의해 부가가치는 0.647, 고용유발손실인원은 5.208명만큼 손실되었음을 의미한다.

2019년 수출산업 부문의 생산유발손실계수는 2.925였으며, 부가가치유발손실계수는 1.040이었다. 또한 고용유발손실계수는 2.614였다. 이는 수출산업 부문에 대한 최종수요 1단위가 증가할 때, 수출산업 부분에서 파급되는 평균 생산유발손실효과가 2.925, 부가가치손실효과가 1.040, 고용유발손실효과가 2.614란 의미이다.

관세청 및 한국무역협회 자료를 통해 측정한 2019년 한국 수출의 직접효과는 624조 1,097억 3,411만 원이었다. 해상교통로를 통해서는 69.7%인 434조 6,819억 1,513만 원이, 항공 및 육로를 통해서는 30.3%인 189조 3,871억 5,025만 원이 수출되었다.[9] 이는 해상교통로를 통해 수출되는 물동량으로 인한 직접적인 경제효과가 434조 6,819억 1,513만 원임을 의미한다.

이를 2019년 산업연관표를 활용하여 산출한 각 유발손실계수들과 위의 각 품목별 수출액(직접효과)을 곱하여 파급효과를 측정했다. 그 결과, 생산유발손실액은 1,271조 5,290억 6,400만 원, 부가가치유발손실액은 452조 977억 4,200만 원이었다. 따라서, 한국의 주요 해상교통로인 한중, 한일, 남방 및 북방항로를 통해 수출되는 물동량이 특정 국가에 의해 봉쇄되었을 경우 한국경제가 받을 수 있는 손실 예상액은 1,723조 6,268억 600만 원으로 분석되었다. 세부 현황은 〈표 5-19〉와 같다.

---

9   관세청 "수출입 통계", 무역협회 "항구공항 수출입" 참고. https://unipass.customs.go.kr/ets/index.do, https://stat.kita/stat/port/portimpExpList.screen.

<표 5-19> 2019년 해상교통로 수출의 경제적 손실액

| 구분 | 직접효과 (백만 원) (a) | 파급효과(백만 원) | | 총 손실액 (백만 원) (a+b+c) |
		생산유발손실액 (b)	부가가치유발 손실액(c)	
전체	624,109,734	1,825,642,240	649,115,115	2,474,757,356
해상교통로	434,681,915	1,271,529,064	452,097,742	1,723,626,806

　　다음은 각각의 해상교통로가 봉쇄되었을 때, 피해 예상액을 산정하기 위해, 관세청과 한국무역협회 자료를 활용하여 한국이 각 항로에 해당되는 국가에게 얼마만큼 수출했는지를 계산했다. 그 결과, 한중항로로는 25.1%, 한일항로로는 5.2%, 남방항로로는 50.3%, 북방항로로는 19.4%가 수출되었다. 특히, 한중항로와 남방항로상으로는 75.4%가 수출되었다.

　　〈표 5-20〉과 같이 한국의 해상교통로를 통해 수출되는 전체 수출액의 50.3%가 수출되는 남방항로가 봉쇄될 경우, 892조 8,463억 1,200만 원의 손실이 예상되며, 해상교통로 전체 수출액의 약 25.1%인 한중항로가 봉쇄될 경우 409조 7,768억 3,700만 원의 손실이 예상된다. 북방항로 봉쇄 시에는 293조 7,267억 1,400만 원의 손실이, 한일항로 봉쇄 시에는 127조 2,769억 4,100만 원의 손실이 발생하는 것으로 분석되었다.

〈표 5-20〉 2019년 해상교통로별 수출의 경제적 손실액

〈표 5-20〉 2019년 해상교통로별 수출의 경제적 손실액

구분		직접효과 (백만 원) (a)	파급효과(백만 원)		총 손실액 (백만 원) (a+b+c)
			생산유발손실액 (b)	부가가치유발 손실액(c)	
전체		624,109,734	1,825,642,240	649,115,115	2,474,757,356
해상교통로		434,681,915	1,271,529,064	452,097,742	1,723,626,806
해상교통로별	한중	109,072,527	302,610,182	107,166,655	409,776,837
	한일	22,778,866	91,743,404	35,533,537	127,276,941
	남방	218,463,029	656,992,461	235,853,850	892,846,312
	북방	84,367,492	220,183,016	73,543,698	293,726,714

2019년 각 해상교통로별 손실액을 바탕으로 각 시나리오별 손실액을 분석한 결과는 〈표 5-21〉과 같다. 앞서 언급한 바와 같이 시나리오는 국가 간 분쟁으로 인해 한국의 해상교통로가 완전히 봉쇄되는 경우, 55% 봉쇄되는 경우(국가 기능을 발휘하기 위한 최소한의 물동량 고려), 67% 봉쇄되는 경우(전시 예상물동량 고려)를 상정했고, 각각의 손실액을 2021년도 국가예산과 국방예산과 비교하여 제시했다. 2021년 한국의 국가예산은 총 558조 원이었고, 국방예산은 52.8조 원이다.[10]

〈표 5-21〉과 같이 한국의 해상교통로 전체가 봉쇄되었을 경우 국가예산의 약 3.1배, 국방예산의 약 33배에 달하는 손실이 발생하며, 55% 봉쇄 시에는 각각 약 1.7배, 약 18배의 손실이, 67% 봉쇄 시에는 약 1.1배, 약 12배에 달하는 손실이 발생하는 것으로 분석되었다.

---

10 "2021년 예산, 국회본회의 의결", 『기재부 보도자료』(2020.12.2), https://www.moef.go.kr; "2021년 국방예산, 전년대비 5.5% 증가한 52.8조 원", 『방사청 보도자료』(2020.12.2), http://www.dapa.go.kr.

〈표 5-21〉 해상교통로 봉쇄 시나리오별 경제적 손실액

구분		수출물동량 봉쇄 시나리오		
		100% 봉쇄	55% 봉쇄	67% 봉쇄
전체	손실액(백만 원)	2,474,757,356	1,361,116,546	911,948,086
	국가예산 대비(%)	444	244	163
	국방예산 대비(%)	4,688	2,578	1,727
해상교통로	손실액(백만 원)	1,723,626,806	947,994,743	635,156,478
	국가예산 대비(%)	309	170	114
	국방예산 대비(%)	3,265	1,796	1,203
해상교통로별	한중항로 손실액(백만 원)	409,776,837	225,377,260	151,002,764
	한중항로 국가예산 대비(%)	74	40	27
	한중항로 국방예산 대비(%)	777	426	286
	한일항로 손실액(백만 원)	127,276,941	70,002,318	46,901,553
	한일항로 국가예산 대비(%)	23	13	8
	한일항로 국방예산 대비(%)	241	133	89
	남방항로 손실액(백만 원)	892,846,312	491,065,472	329,013,866
	남방항로 국가예산 대비(%)	160	88	59
	남방항로 국방예산 대비(%)	1,691	930	623
	북방항로 손실액(백만 원)	293,726,714	161,549,693	108,238,294
	북방항로 국가예산 대비(%)	53	29	19
	북방항로 국방예산 대비(%)	557	307	205

해상교통로별로는 남방항로가 완전히 봉쇄되었을 경우 국가예산의 약 1.6배, 국방예산의 약 17배, 수출의 55%가 봉쇄되었을 경우에는 약 0.9배, 약 9배, 수출의 67%가 봉쇄되었을 경우에는 약 0.6배, 약 6배의 손실이 연간 발생하는 것으로 측정되었다.

한중항로가 완전히 차단되었을 경우에는 약 0.7배, 약 7.8배, 수출의

55%가 봉쇄되었을 경우에는 약 0.4배, 약 4.3배, 수출의 67%가 봉쇄되었을 경우에는 약 0.3배, 약 2.9배의 손실이 발생하는 것으로 분석되었다.

북방항로가 완전히 차단되었을 경우 약 0.5배, 약 5.6배의 손실이 발생하며, 수출의 55%가 봉쇄되었을 경우 약 0.3배, 약 3.1배, 수출의 67%가 봉쇄되었을 경우 약 0.2배, 약 2.1배의 손실이 예상된다.

한일항로는 완전히 차단되었을 경우에는 약 0.2배, 약 2.4배, 수출의 55%가 봉쇄되었을 경우에는 약 0.1배, 약 1.3배, 수출의 67%가 봉쇄되었을 경우에는 약 0.08배, 약 0.9배의 손실이 발생하는 것으로 나타났다.

2019년 고용유발손실인원 분석결과, 2019년 한 해 동안 한국의 전체 수출로 인해 유발된 고용인원은 총 394만 1천 명이었다. 고용유발계수는 5.208로, 수출 최종수요 10억 원당 약 5.2명에 해당하는 고용을 창출했음을 의미한다. 이는 국가 간 분쟁 시 한국의 수출이 봉쇄되었을 경우, 한국이 입을 수 있는 고용손실인원을 말한다.

주요 해상교통로가 봉쇄되었을 경우, 고용손실인원은 〈표 5-22〉와 같다. 한국의 주요 해상교통로인 한중, 한일, 남방 및 북방항로를 통해 수출되는 물동량이 특정 국가에 의해 봉쇄되었을 경우, 한국경제가 받을 수 있는 연간 고용유발손실인원은 총 317만 3천 명으로 분석되었다.

〈표 5-22〉 2019년 해상교통로 수출의 고용유발손실인원

구분	직접효과(백만 원)	고용유발손실인원(천 명)
전체	624,109,734	3,941
해상교통로	434,681,915	3,173

항로별 고용손실인원 분석결과는 〈표 5-23〉과 같다. 남방항로 봉쇄 시, 약 166만 명이 일자리를 잃는 것으로 분석되었으며, 북방항로는 약 54만 명, 한중항로는 약 73만 명, 한일항로는 약 24만 명의 고용유발손실인원이 발생했다. 특히, 중국의 앞마당을 지나는 해상교통로인 남방항로와 한중항로가 봉쇄되었을 경우 고용유발손실인원은 239만 7천 명으로, 이는 해상교통로를 통한 고용유발손실인원의 약 76%에 해당하는 일자리를 잃는 것과 같다.

〈표 5-23〉 2019년 해상교통로별 수출의 고용유발손실인원

구분		직접효과(백만 원)	고용유발손실인원(천 명)
전체		624,109,734	3,941
해상교통로		434,681,915	3,173
해상 교통 로별	한중	109,072,527	733
	한일	22,778,866	241
	남방	218,463,029	1,664
	북방	84,367,492	535

각 봉쇄 시나리오별 고용유발손실인원과 그 분석결과를 바탕으로 1997년 IMF 당시 실업자 수(약 123만 5천여 명)[11]와 2020년 코로나19 당시 실업자 수(약 126만 명)[12] 대비 점유율을 판단해보면 〈표 5-24〉와 같다.

---

11 고용노동부 홈페이지; 이종혁, "외환위기땐 한달새 실업자 27만 명 급증", 『매일경제』 (2020.3.26일자).

12 통계청, "2020년 3월 고용동향", 『보도자료』(2020.4.17일자).

구분		수출물동량 봉쇄 시나리오		
		100% 봉쇄	55% 봉쇄	67% 봉쇄
전체	손실인원(천 명)	3,941	2,168	2,640
	1997년 IMF 실업자 대비(배)	3.191	1.755	2.138
	2020년 코로나19 실업자 대비(배)	3.128	1.720	2.096
해상 교통로	손실인원(천 명)	3,173	1,745	2,126
	1997년 IMF 실업자 대비(배)	2.569	1.413	1.721
	2020년 코로나19 실업자 대비(배)	2.518	1.385	1.687
해상교통로별	한중 손실인원(천 명)	733	403	491
	한중 1997년 IMF 실업자 대비(배)	0.594	0.326	0.398
	한중 2020년 코로나19 실업자 대비(배)	0.582	0.320	0.390
	한일 손실인원(천 명)	241	133	161
	한일 1997년 IMF 실업자 대비(배)	0.195	0.107	0.131
	한일 2020년 코로나19 실업자 대비(배)	0.191	0.105	0.128
	남방 손실인원(천 명)	1,664	915	1,115
	남방 1997년 IMF 실업자 대비(배)	1.347	0.741	0.903
	남방 2020년 코로나19 실업자 대비(배)	1.321	0.726	0.885
	북방 손실인원(천 명)	535	294	358
	북방 1997년 IMF 실업자 대비(배)	0.433	0.238	0.290
	북방 2020년 코로나19 실업자 대비(배)	0.425	0.234	0.284

해상교통로가 완전히 봉쇄되었을 때, 고용손실은 IMF 실업자와 코로나19 실업자 대비 약 2.5배, 전시 국가기능 발휘를 위한 최소물동량을 보장받는다고 하더라도 고용유발손실인원은 각각 약 1.4배에 달하는 것으로 분석된다. 전시 물동량 예측치가 보장받을 시 각각 약 1.7배의 고용유발손실이 발생하는 것으로 측정되었다.

각 항로별로는 분석해 보면, 해상교통로가 완전히 봉쇄되었을 때, 남방항로로는 각각 약 1.4배, 1.3배 고용손실이 발생했으며, 한중항로 상으로는 각각 약 0.6배, 북방항로 상으로도 각각 약 0.4배, 한일항로 상 으로는 각각 약 0.2배 고용손실이 발생하는 것으로 나타났다.

특히, 중국의 앞마당을 지나는 한중항로와 남방항로만 봉쇄되어도 1.9배에 달하는 고용-유발손실이 발생했으며, 한중항로와 남방항로가 55% 봉쇄되어도 IMF 실업자와 코로나19 실업자 대비 약 1.1배의 고용 손실이 발생했다. 67% 봉쇄 시에는 약 1.3배의 고용손실이 발생할 것으 로 추산되었다.

여기서 주목해야 할 점은 중국이 현재와 같이 경제적 강압 정책의 일환으로 한국의 해상교통로인 한중항로와 남방항로 일부를 봉쇄할 경 우, 한국의 경제는 심각한 타격을 입을 수 있다는 점이다. 남방항로와 한중항로는 한국의 수출물동량이 가장 많은 항로로서 두 항로가 중국 에 의해 55%만 봉쇄되더라도 연간 피해액은 716조 4,427억 3,200만원 으로 국가예산의 1.3배, 국방예산의 13.6배에 이르는 것으로 추산된다.

특히, 중국이 한중항로를 통한 한국의 수출을 55%만을 차단하더라 도 한국경제는 과거 국가 부도사태 시 국제금융기구(IMF)로부터 받은 구제액의 두 배 이상의 피해를 입게 된다는 것을 예상해볼 수 있다.[13]

물론, 한·중 간 정치·경제적 관계가 비우호적으로만 진행된다고 속단할 수는 없다. 하지만, 우리의 해상교통로는 주변 강대국의 영향력 이 쉽게 미칠 수 있는 거리에 위치해 있고, 이에 따라 주변국의 봉쇄 위

---

13 1997년 12월 5일부터 2001년 8월 23일까지 국가부도 시 국제금융기구로부터 받은 한국의 국제금융 규모가 550억 달러로, 1달러당 한화 1,965원(1997년 12월 24일 환율 최고점) 고 려 시, 108조 750억 원이며, 한중항로가 55% 봉쇄 시 피해액은 약 222조 원이다.

협에 취약하다. 또한, 주변 강대국들이 해양 주권과 권익을 확보하기 위해 경쟁하고 있는 해양 영유권 분쟁의 현장을 지나고 있다. 반면, 한국의 해상교통로는 우리에게 세계 경제와 소통하며 국가 번영을 위한 기회의 창을 제공해 주는 사활적인 곳이다. 따라서, 평시 중국과의 관계 악화와 이러한 관계 악화가 분쟁으로 치닫게 된다면, 중국에 의해 한국의 해상교통로가 봉쇄될 가능성은 상시 열려 있다고 봐야 할 것이다.

아울러, 최근 주변국의 영향력 확대와 경제적 강압 정책, 미·중 간 해양패권을 둘러싼 경쟁을 분석해보면, 우리의 해상교통로를 위협하는 대상이 중국만이 아니라는 것도 쉽게 예상할 수 있다.

해상봉쇄는 유용한 국가정책 수단이다. 해상봉쇄의 유용성 검증결과와 그 효과는 주변 강대국이 한국에 대해 영향력을 행사할 수 있는 대표적인 정책수단이 해상봉쇄일 것이라는 주장을 더욱 신뢰성 있게 뒷받침하고 있다.

제6장

해상봉쇄에 대비한 정책적 대응방향

제1절 기동함대 가치 제고 및 조기 전력화

기동함대란 "최소한 소형 항공모함을 포함한 구축함급 이상의 전투함과 적정한 척수의 잠수함, 해상작전 항공기 및 기동 군수지원함 등으로 편제되며, 상당한 기간 동안 원해에서 독립적인 작전 수행능력을 보유한 함대"를 말한다. 기동함대는 "적의 군사적 행동 가능성을 사전에 감소시켜서 도발을 억제하고, 국지도발 시 유연한 대응으로 확전을 방지 및 유리한 조건하에서 조기에 분쟁의 종결을 추구하며, 전면전 발생 시 즉각적으로 공세 및 입체기동전을 수행하여 조기에 침략세력을 격퇴함으로써 전·평시 전략적 목표를 달성하는 역할"을 수행한다.[1]

이러한 구성과 역할을 수행할 기동함대사령부의 창설은 『국방개혁 2.0』을 통해 공식화되었고, 『해군비전 2045』에서도 이를 명시했다. 특히, 『해군비전 2045』에서는 "기동부대가 원해 기동부대작전 능력을 바탕으로 전략적 억제력을 발휘하며, 해상교통로 보호를 포함하여 안보위협이 존재하는 세계 모든 해역에서 국가이익을 보호하고, 국가정책을

---

1   해군전력분석시험평가단, 『해양전략용어 해설집』, p. 134.

뒷받침할 수 있는 역량을 갖춘 기동부대로 발전한다"라고 구체적으로 적시하고 있다.[2]

우리의 주변국들도 해양에서 발생하는 다양한 위협에 신속하게 대응하고 해양에서 자국의 권익을 보호하기 위해 기동부대를 운영하고 있다. 대표적으로 미국은 원자력추진 항모 한 척, 순양함 한 척, 구축함 두 척, 공격용 원자력잠수함 한 척, 군수지원함 한 척으로 구성된 항모강습단을 운영하고 있으며, 중국은 항모 한 척, 이지스형 구축함 두 척, 구축함 네 척, 호위함 두 척, 공격용 원자력잠수함 두 척, 군수지원함 한 척으로 구성된 항모전투단을, 일본도 헬기탑재 호위함 한 척, 이지스함 두 척, 구축함 여섯 척으로 구성된 호위대군을 운영하고 있다.[3] 우리도 세 개의 기동전단으로 구성된 기동함대를 창설할 예정인데, 한 개 기동전단은 경함모 또는 대형상륙수송함(LPH-Ⅱ) 한 척, 세종대왕급 이지스구축함 두 척, 한국형 이지스구축함 두 척, 충무공이순신급 구축함 두 척, 군수지원함(AOE-Ⅱ) 한 척, 잠수함(KSS-Ⅱ/Ⅲ) 한두 척으로 구성될 것으로 예상된다.[4]

---

2 『국방개혁 2.0』에서는 "해군의 기동전단을 이지스 구축함 전력화와 연계하여 기동함대사령부로 확대 개편한다"라고 기동함대사령부 창설을 공식화했으며, 해군도 2018년 11월에 해군 창설 100주년이 되는 2045년 해군의 모습을 그린 『해군비전 2045』를 통해 기동함대사령부 창설을 명시했다. 특히, 『해군비전 2045』에서는 기동함대가 해양주권·권익 침해 대응, 해적·테러 대응, 원양어업 보호, 원해자원 탐사·개발 지원을 위한 기동작전과 국민 해양활동 보호, 해상교통로 보호 및 국제 재해·재난구호 지원 등의 임무를 수행하기 위해 우리의 사활이 걸린 서해-이어도-독도를 연한 EEZ 및 관할해역, 주요 국제 해상교통로 해역, 원해 해양활동 보호가 필요한 해역(베링해, 인도양 등)에서 작전을 수행할 것임을 강조했다. 국방부, 『국방개혁 2.0』(서울: 국방부, 2019); 해군본부, 『해군비전 2045』(계룡: 해군본부, 2018).

3 미국, 중국 및 일본의 기동함대 구성에 대해서는 해군전력분석시험평가단, 『해양전략용어해설집』, p. 135와 일본 海人社, 『세계의 함선』 3월호(2012.8.5)를 참고했음.

4 기동전단 구성은 김기주, "한국해군은 왜 기동함대가 필요한가", 『월간조선』(2013년 1월

이러한 주변국의 기동함대는 현재와 미래 사활적인 국가이익과 국가비전 구현을 보장하기 위한 핵심전력으로서 각국의 해군력 건설 지향점이 되고 있다. 중국의 항모전투단은 일대일로, 진주목걸이 전략을 수행하기 위한 핵심전력으로, 일본의 호위대군은 2,000해리 방어전략을 수행하기 위한 필수 불가결한 전력으로서, 지대한 국가적 관심 속에서 최우선적인 확보해야 할 전력으로 인식되고 있다.

그러나, 『국방개혁 2.0』에서 창설이 공식화되었음에도 불구하고, 국내에서는 아직도 기동함대에 대한 찬반 논쟁이 있으며, 특히 최근 항공모함 건조의 필요성에 대해서는 "특정 정권이나 집단에 의해 성급히 추진되고 있다"는 정치적 색깔론, "우리의 안보 수요에 맞는 해군전력 건설 필요성" 제기, "현재 확보 중인 전력으로 북한의 위협에 대해 충분히 대응하고 있으며, 충분히 우위를 달성할 수 있으므로 불필요하다"는 등의 논란이 지속되고 있다.[5]

한국도 해상교통로에 국가의 명운을 걸고 있는 중국과 일본의 상황과 별반 다르지 않다. 그럼에도 우리는 해상교통로를 보호하기 위한

호); 유주형, "한국 해군의 항공모함 필요성에 대한 소고: 제2차 세계대전 시 이탈리아의 항모 무용정책을 중심으로", 『해양전략』 173호(2017.3), p. 45 등을 참고하여 작성했다.

5 항공모함 건조에 대한 논쟁은 해군본부, "경항공모함 관련 설명자료"(2020)를 참고할 것. 한남대학교 김종하 · 김재엽 교수는 논문에서 대양해군 논의에 대해 한국형 해상 기동부대의 모습을 논했는데, 이러한 해군력 건설방향은 한국의 해양안보 환경 및 국력 수준을 고려하면, 이상적인 미래 기동함대상을 제시했다고 본다. 두 교수는 한국이 추구해야 할 해군력 건설 방향에 대해 대북 연안전투 위협 대응능력 보강, 근해 주변국 해군력 침범 억제, 근양 · 원양 세력투사 능력 확보 등 세 가지에 중점을 둬야 함을 주장했다. 특히, 원거리 기동 · 세력투사 능력 확보를 강조하면서, 신형 방공구축함(DDG) 확보, 배수량 2~3만 톤 이상의 상륙모함 도입, 3,000톤급 이상의 중(重)잠수함 및 대형 군수지원함 전력화를 통한 두 개 이상의 기동전단 확대와 함께 울릉도 · 제주도 해상 거점기지 건설 필요성도 언급했다. 김종하 · 김재엽, "한국 해군력 건설의 평가 및 발전방향: 대양해군 논의를 중심으로", 『신아세아』 19권 3호(2012년, 가을).

제반 정책적 조치들이 늦었으며, 한국의 해군력 증강사업이 계획대로 진행된다고 하더라도 2030년 중반에나 실전배치가 가능하지만, 아직도 찬반논란은 끊이지 않고 있다. 따라서, 이 절에서는 앞서 분석한 해상봉쇄의 효과와 기동함대 건설 및 운용비를 이용하여 비용 대(對) 효과 분석을 실시했다. 이를 통해 기동함대 가치[6]에 대한 인식을 제고하고, 적기 전력화의 필요성을 강조했다.

비용 대 효과 분석에서 비용은 기동함대 전력(세 개 기동전단)의 획득 및 운용에 드는 비용, 즉 함정 획득비(연간 사업비), 운용비(연간 인건비, 수리 부속비, 외주정비비, 유류비)를 적용했다. 기동함대 획득 및 운용비용은 국방비용 편람, 조선소 함정 개념설계 보고서 등 일반문서에 명시된 각 함정별 소요비용에 물가상승률을 적용하는 방법을 통해 개략적으로 산출했다.[7] 그 결과 기동함대 전력을 2021년부터 건조를 시작하여 2030년에 전력화하여 운용한다고 가정 시,[8] 2021~2030년까지 기동함대 획득비용은 매년 약 3조 2천억 원 정도로 예상되며, 2030년 이후에는 기동함대 운용에 매년 약 1조 3천억 원이 소요될 것으로 추산되었다. 따라서, 기동함대 운용비용은 약 1조 3천억 원을 적용했다.

---

6 정환식 박사는 청해부대의 비용·편익분석을 통해 청해부대의 가치를 분석했다. 정환식, "청해부대의 비용·편익분석에 대한 연구",『해양전략』157호(2013. 3), pp. 54~91.

7 기동함대 전력의 획득 및 운용비용은 각종 자료의 한계로 인해 정확하게 산출할 수 없었다. 또한, 국방부의 비용편람도 2012년 이후 폐간되었다. 따라서, 저자는 2011년 국방비용편람 (최근 10년간 물가상승률 적용), 조선소 함정 개념설계 보고서, 함정 소요비용 관련 문서와 업무 관련자의 의견 등을 종합 판단하여 개략적인 소요비용을 산출했다.

8 함정 획득 시 통상 10년이 소요될 것으로 판단하여, 2021년 기동함대 전력을 신규로 획득하여 2030년에 기동함대를 완성하는 것으로 가정했다. 또한, 전력은 한 개 기동전단에는 경항모를, 두 개 기동전단에는 대형상륙수송함(LPH-Ⅱ) 각 한 척을 중심으로, 각각의 기동전단에 이지스함 두 척, 한국형 이지스구축함 두 척, 충무공이순신급 구축함 두 척, 군수지원함 (AOE-Ⅱ) 한 척, 잠수함(KSS-Ⅱ/Ⅲ) 두 척이 구성되는 것으로 가정했다.

효과는 앞서 산업연관분석을 통해 산출된 해상봉쇄 효과를 그대로 적용했다. 또한, 산출된 비용 대(對) 편익에 대한 감쇄율과 민감도 분석을 위해 감쇄율은 기동함대가 해외로 수출되는 선박들을 완전하게 보호하지 못한다는 것을 감안하여 상정했다. 감쇄율은 향후 건설될 한국의 기동함대가 중국 및 일본의 기동부대 전력의 70% 전력비(패배하지 않을 확률이 50%인 전력비)를 갖는다고 가정하고 50%를 적용했다.[9] 민감도는 기동함대의 전력화가 늦어질 경우 건조비용 및 운영유지비가 각각 23%와 250% 증가한 미국과 영국의 실제 사례를 적용하여 분석했다.[10]

비용 대 편익비 분석결과는 〈표 6-1〉과 같다. 〈표 6-1〉과 같이, 기동함대가 한국 수출물동량의 33~100% 공급 보장 시 기동함대 가치는 438~1,326배이며, 계획된 수출물동량마저 주변국에 의해 50% 봉쇄되었을 경우를 가정하더라도 219~663배의 가치가 있는 것으로 분석되었다.

---

9   기꾸시 히로시의 이론을 적용했다. 그는 상대방 전력의 70%를 보유해야만 패배하지 않을 가능성이 50%라고 사례연구를 통해 제시했다. 즉, 미래 건설될 기동함대 전력이 주변국 대비 70% 전력비를 갖는다는 가정하에 감쇄율을 적용했다. 기꾸시 히로시 이론에 대해서는 기꾸시 히로시 저, 국방대학교 역, 『전략기초이론』(서울: 국방대학교, 1993), p. 169를 참고할 것.

10   이는 송학 前 방위사업청 계약관리본부장의 기고문을 근거로 선정한 것이다. 송학은 2010년 미 해군이 실전배치한 핵 항모 제럴드-포드함의 건조비용은 최초 예상액에서 23% 증가한 129억 달러(약 14.2조)가 투입되었으며, 영국의 퀸-엘리자베스함도 2007년 사업착수 당시 예산은 62억 파운드(약 10조 원) 정도였으나, 2021년 사업비는 최초 계획금액의 250% 증가한 140억 파운드(약 25조 원)가 소요되었다고 주장했다. 송학, "한·중·일 항모전쟁 시작됐다", 『신동아』(2021.4).

〈표 6-1〉 기동함대의 비용 대 편익비 및 민감도 분석결과

구분		비용 (백만 원)	편익 (백만 원)	비용 대 편익비(배)	
				감쇄율 없음	감쇄율 50%
해상교통로	100% 공급	1,300,000 (증가 없음)	1,723,626,806	1,326	663
	45% 공급		775,632,063	597	298
	33% 공급		568,796,846	438	219
	100% 공급	1,599,000 (23% 증가)	1,723,626,806	1,078	539
	45% 공급		775,632,063	485	243
	33% 공급		568,796,846	356	178
	100% 공급	33,800,000 (250% 증가)	1,723,626,806	51	25
	45% 공급		775,632,063	23	11
	33% 공급		568,796,846	17	8
해상교통로별	한중항로	100% 공급	1,300,000 (증가 없음)	409,776,837	315	158
		45% 공급		184,399,577	142	71
		33% 공급		135,226,356	104	52
		100% 공급	1,599,000 (23% 증가)	409,776,837	256	128
		45% 공급		184,399,577	115	58
		33% 공급		135,226,356	85	42
		100% 공급	33,800,000 (250% 증가)	409,776,837	12	6
		45% 공급		184,399,577	5	3
		33% 공급		135,226,356	4	2
	한일항로	100% 공급	1,300,000 (증가없음)	127,276,941	98	49
		45% 공급		57,274,623	44	22
		33% 공급		42,001,391	32	16
		100% 공급	1,599,000 (23% 증가)	127,276,941	80	40
		45% 공급		57,274,623	36	18
		33% 공급		42,001,391	26	13

해상교통로 봉쇄의 유용성과 그 경제적 효과

구분			비용 (백만 원)	편익 (백만 원)	비용 대 편익비(배)	
					감쇄율 없음	감쇄율 50%
해상교통로별	한일항로	100% 공급	33,800,000 (250% 증가)	127,276,941	4	2
		45% 공급		57,274,623	2	1
		33% 공급		42,001,391	1	1
	남방항로	100% 공급	1,300,000 (증가 없음)	892,846,312	687	343
		45% 공급		401,780,840	309	155
		33% 공급		294,639,283	227	113
		100% 공급	1,599,000 (23% 증가)	892,846,312	558	279
		45% 공급		401,780,840	251	126
		33% 공급		294,639,283	184	92
		100% 공급	33,800,000 (250% 증가)	892,846,312	26	13
		45% 공급		401,780,840	12	6
		33% 공급		294,639,283	9	4
	북방항로	100% 공급	1,300,000 (증가 없음)	293,726,714	226	113
		45% 공급		132,177,021	102	51
		33% 공급		96,929,816	75	37
		100% 공급	1,599,000 (23% 증가)	293,726,714	184	92
		45% 공급		132,177,021	83	41
		33% 공급		96,929,816	61	30
		100% 공급	33,800,000 (250% 증가)	293,726,714	9	4
		45% 공급		132,177,021	4	2
		33% 공급		96,929,816	3	1

기동함대 전력화가 지연되어 기동함대에 소요되는 비용이 23~250% 증가되더라도 기동함대의 가치는 17~1,078배였으며, 감쇄율을 적용하더라도 8~539배의 가치가 있는 것으로 나타났다.

우리의 수출물동량이 가장 많은 남방항로는 민감도를 적용하지 않았을 경우 227~687배, 감쇄율을 고려해도 113~343배로 나타났다. 민감도와 감쇄율을 동시에 고려하더라도 4~279배의 가치가 있었다.

한중항로는 민감도를 적용하지 않았을 경우 104~315배, 감쇄율을 고려해도 52~158배로 나타났다. 민감도와 감쇄율을 동시에 고려하더라도 2~128배의 가치가 있는 것으로 분석되었다.

북방항로는 민감도를 적용하지 않았을 경우 75~226배, 감쇄율을 고려해도 37~113배로 나타났다. 민감도와 감쇄율을 동시에 고려하더라도 1~92배의 가치가 있는 것으로 분석되었다.

한일항로는 민감도를 적용하지 않았을 경우 29~89배, 감쇄율을 고려해도 32~98배로 나타났다. 민감도와 감쇄율을 동시에 고려하더라도 16~49배의 가치가 있는 것으로 분석되었다.

비용 대 편익비 분석결과가 주는 시사점은 두 가지이다. 먼저, 기동함대의 가치는 매우 크다는 것을 양적으로 보여주고 있다. 또한, 분쟁시 기동함대가 우리의 해상교통로를 완벽하게 보호할 수 있는 능력을 갖출수록 비용·편익비는 최대 1,326배에 가까워지게 된다. 반면, 기동함대의 능력이 주변국에 비해 상대적으로 약화되어 해상교통로를 보호할 수 있는 정도가 낮아질수록 비용·편익비는 660배 이하로 저하된다. 이는 곧 기동함대의 가치 증가가 곧 국익 증가를 의미하며, 기동함대의 상대적인 능력이 국익 증감의 크기에 큰 영향을 미칠 수 있음을 의미하는 것이다.

둘째, 기동함대의 전력화가 늦어질수록 비용·편익비는 급격히 저하된다는 것이다. 해상교통로 전체의 경우 공급이 100% 이루어진다고 가정했을 때, 비용 대 편익비는 1,326배에서 17배로 감소한다. 이는 기동함대를 적기에 전력화시키지 못할 경우 비용증가로 인한 비용 대 편익의 감소와 이에 따른 국익이 감소될 수 있음을 정량적으로 나타내고 있는 것이다.

연구결과, 해상교통로 보호 전력으로 기동함대는 매우 가치가 있었다. 하지만, 기동함대가 수행해야 하는 그 외의 임무와 역할들도 종합적으로 예상해보면, 기동함대는 그 이상의 가치를 보유하고 있다고 판단된다. 따라서, 기동함대의 전력화는 미루어져서는 안 될 국가적 사안이며, 조기 전력화를 위한 노력도 적극 추진할 필요가 있다.

제2절 기동함대의 비대칭적 능력 향상

한국 해군은 『해군비전 2045』에서 기동함대의 창설 목적을 "원해 기동부대 작전능력을 바탕으로 전략적 억제력을 발휘하고, 해상교통로 보호를 포함하여 안보위협이 존재하는 모든 해역에서 국익을 보호하며, 국가정책을 뒷받침할 수 있는 역량을 갖춘 기동부대로 발전한다"고 명시하고 있다. 이를 수행할 부대규모는 한 개 기동함대(세 개 기동전단)이다.

그러나, 한국 해군의 기동함대 규모는 해군비전서에 명시된 역할을 수행하거나, 중국이나 일본의 해군력에 대응하여 전략적 억제력을 발휘하고 국가정책을 뒷받침하기에는 부족하다.

중국은 2012년 랴오닝함을, 2019년에는 자국산 항모인 산둥함을 취역시켰으며, 2022년 6월에는 전자식 항공기 사출장치를 갖춘 8만톤급 푸젠함을 진수하였다. 2030년까지 4~6개의 항모전투단을, 2050년까지 6~8개의 항모전투단을 보유하기 위해 국방예산 증액했고, 항모 호위전력인 전투함(Type 052D 및 055형 등) 건조 등을 진행 중이기 때문이다.[11] 일본 역시 2030년까지 항모 4척, 2050년까지 항모 4~6척으로 구성된 4개의 호위대군을 완성할 계획이다.[12] 따라서, 한국 해군의 기동함대는 중국의 항모전투단, 일본의 호위대군과 규모면에서 비견하기에 무리가 있다고 본다.

중국과 일본은 이미 한국에 비해 질적으로나 양적으로 우세한 해군력을 보유하고 있고,[13] 해군력 건설의 기반이 되는 국가경제력과 국방예

---

11 2019년 5월 13일, 중 관영매체는 이지스형 구축함 Type 052D(Luyang-3급) 2척을 동시에 진수했음을 보도했다. Type 052C의 개량형인 Type 052D는 64개의 셀을 탑재하여 대공, 대함, 대잠 증 다양한 임무수행이 가능하며, 항모전단의 핵심 호위전력으로 현재 20척 운용을 목표로 건조를 추진 중이나, 향후 작전소요에 따라 30척까지 확보가 전망된다. 또한, 055형은 동북아 최대규모의 구축함으로 총 8척 이상 보유를 목표로 건조가 진행 중이다. 공방표, "미래 안보환경 변화와 해군의 2+2함대 구상", 『해양전략』186호(2020.6), p. 40; 안병준 박사는 그의 논문에서 주변국 미래 해군 예산예측, 해군력 발전추세, 주변국의 공세적 해군력 증강 경향을 고려하고, 제인연감, 국방백서, 세계의 해군력 등 다수의 자료들을 종합분석하여 중국은 2030년까지 4~6개의 항모전투단을, 2050년까지 6~8개의 항모전투단을, 일본은 4개 호위대군을 유지한 가운데, 2030년까지 항모 4척, 2050년까지 항모 4~6척으로 구성된 기동부대를 건설할 것으로 예측했다. 안병준, "공세적 현실주의의 군사적 재해석을 통한 한국형 기동함대 적기 전력화에 관한 연구", 『한남대학교 박사학위 논문』(2015), pp. 112~114.

12 양낙규, "중일 해군력 심상찮다", 『아시아경제』(2019.2.23).

13 2019년 7월 기준, 한국 해군력은 톤수 기준 일본의 56%, 중국의 22.4%에 불과하며, BFM(Battle Force Missile) 기준 일본의 65.9%, 중국의 17.1%로 매우 열악한 해군력을 보유하고 있다. BFM은 오바마 및 트럼프 행정부에서 국방부 부장관(United States Deputy Secretary of Defense)을 지낸 바 있는 워크(Robert O. Work)가 그의 논문 "To Take and Keep the Lead"에 제시한 전력비교 방법이다. BFM 개념은 제1·2차 세계대전을 기점으로 유행하기 시작한 함대의 톤 및 척수기준 전력비교 방법론이 기술변화로 인해 적시성을 잃었다는 점을 전제를 삼고 있으며 현대전에서의 핵심은 미사일에 있다고 간주하고 있다. 워크가 제창한 BFM 개념에는 자함방어를 위한 자산(RAM, ESSM, SA-N-9, Mistral, HHQ-10 SAM 등)은 제외되며 아스록(ASROC), 하푼(Harpoon), 토마호크(Tomahawk), 스탠더드 미사일(Standard Missile) 및 이와 동급인 무기들만을 포함하고 있다. BFM을 통한 전력비교는 실질적인 함대가 보유하고 있는 화력을 계상할 수 있다는 장점이 있다. 특히 미사일 기술의 발달로 소형 함정에도 높은 성능의 대함미사일을 장착할 수 있다는 현실을 전력비교 분석 시 상대적으로 용이하게 반영할 수 있다. 안보경영연구원, "주변국 해군 핵심전력 증강추세와 한국해군의 핵심전력 발전방향", 『해군미래혁신연구단 연구용역보고서』(2019.11.30), pp. 88~89, 115~117.

산 편성규모에 있어서도 월등하다. 한국은 기동함대 창설 이후에도 전반적인 국가 분쟁수행 능력 측면에서 주변 강대국과 대등한 능력을 보유하지 못할 것이라는 것이 일반적 견해이다. 이러한 맥락에서 우리의 해상교통로를 보호하기 위해 창설될 기동함대 전력구성은 변화가 필요하다고 본다.

해상에서의 전투는 공격을 성공적으로 실행하기 위해서는 방자 전력의 3배를 유지해야 하며, 억제를 하려면 상대편 전력의 70%를 유지해야만 패배하지 않을 가능성이 50%에 달한다는 기꾸시 히로시의 이론을 굳이 적용해보지 않더라도 2030년과 2050년경 건설된 주변국 해군력은 우리의 해군력을 압도한다. 따라서, 최상의 대안은 1 대 1의 개념에 의거하여 우리의 해군력을 건설하는 것이다. 왜냐하면, 해상에서의 전투는 지상의 전투와 달리 엄폐 및 은폐방법을 사용하여 열세한 전력을 보유하고도 전장에서 승리할 수 있는 상황은 육전에 비해 가능성이 현저히 적을 수 있기 때문이다.

그러나, 한국의 해군력을 주변국의 해군력과 동등한 수준으로 유지한다는 것은 한국경제에 적잖은 부담으로 작용할 수 있을 것이다. 따라서, 이러한 제한사항을 극복하기 위한 현실적인 대안은 현재 계획된 기동함대 전력의 전투 효율성을 높이는 방법일 것이다. 이를 위해 비대칭전력을 적절히 배비할 필요성이 있다고 판단된다. 이러한 맥락에서 3개 기동전단으로 설정된 기동함대의 구성과 능력 향상은 다음 네 가지 측면을 고려할 필요가 있다.

먼저, 주변국의 기동함대 능력에 대비하여 한국 기동함대의 전체적인 능력을 향상시켜야 한다. 이를 위해서는 한국의 경항공모함 건조에 대한 최근 논란들을 잠식시키고, 기동함대 구성전력으로 적정 척수의 항공모함이 포함될 필요성이 있다. 대형상륙수송함 위주로 구성된 현재의 기동함대 전력으로는 국가정책을 구현하고 주변국에 대한 전쟁 억지력을 발휘하는데 제한이 있을 수 밖에 없다.

둘째, 기동전단에 포함된 전력 중 비대칭 전력을 대폭 증강시켜, 주변국의 기동부대에 효과적으로 대응할 수 있도록 해야 한다. 한국 해군이 주변국에 대해 선택 가능한 해상교통로 보호수단은 잠수함의 전략적 가치를 이용한 잠수함 작전이다. 잠수함 작전은 주변 강대국과 분쟁이 발생할 경우, 위기관리 차원에서 유리하게 분쟁 해결을 유도할 수 있다. 한국의 주요 해상교통로 및 핵심해역에서의 잠수함 작전은 주변 강대국에 실질적인 위협을 줄 수 있기 때문이다. 잠수함 작전은 해상교통로를 보호할 수 있는 반면, 주변 강대국에게는 많은 대잠세력을 집중하게 만들어 막대한 전력소모라는 대가를 치르게도 할 수 있다.

그러나, 제1 · 2차 세계대전에서 독일의 잠수함은 연합국의 해상교통로에 가장 위협이 되었지만, 전쟁의 전개양상을 바꿀 수 있는 독립적인 수단으로서는 적합하지 않았으며, 능력의 한계가 있었다. 따라서, 한국 해군은 해상교통로 보호를 위해 기동함대와 입체작전을 수행하는 주요 전력으로서 잠수함을 적극 활용할 수 있는 전략과 전술을 구사해야 할 필요성이 있다.

현재 한국 해군이 보유한 잠수함은 기동함대와 작전을 수행하는데 기동성과 작전 지속능력 등에서 많은 제한사항이 있다. 원양으로의 이동과 원해작전 시 수상함과 동조기동에 제한을 받을 수밖에 없으며, 잠항시간과 작전 지속기간이 제한되어 기동함대와의 효율적인 협동작전을 수행하는 데 문제가 있을 수 있다. 이는 기동함대 작전수행 능력의 저하로 이어지게 될 것으로 판단된다. 결국, 주변 강대국의 입체전력과 충돌하는 상황에서 우리의 해상교통로를 효과적으로 방호하는 데 상당한 제한사항이 발생될 수 있을 것이다. 따라서, 기동함대의 효과적인 임무수행을 보장하기 위해서는 잠수함의 협동작전 수행능력을 향상시켜야 하며, 이를 위해서는 우선적으로 잠수함의 기동성과 작전 지속기간의 연장이 필요하다.

이런 측면에서 장차 독자적인 해상교통로 보호는 물론 동아시아 해양분쟁 시와 같이 보다 원해에서의 작전이 요구될 경우에 대비해 원거리 고속 잠항 및 장기간 작전이 가능한 핵추진 잠수함의 확보와 기동함대 내 배속이 반드시 필요하다. 그 배속 규모는 주변국 기동부대의 전력비 또는 작전능력의 차를 보완할 수 있을 충분한 정도의 규모로 검토되어야 한다. 기동부대 내 비대칭 전력의 충분한 배비는 분쟁의 결과와 억제력에 큰 영향을 미칠 수 있으므로 고려해야 한다. 비대칭전 수행능력은 강대국과의 분쟁에서 약소국이 취할 수 있는 최상의 방법이었다는 것을 강조한 아레귄 토프트(Ivan Arreguin-Toft)의 분석을[14] 상황에 맞게 적용할 필요성이 있다고 본다.

셋째, 기동함대의 능력 중 대잠능력을 획기적으로 개선하기 위한 노력과 그 산물들이 기동함대의 능력으로 구현되어야 한다. 대잠능력 없이는 전장 우세도 달성할 수 없다. 잠수함이 전략부대로서 역할을 수

---

14 아레귄 토프트는 그의 논문에서 강대국과 약소국 간에 있었던 전쟁 197건 분석했다. 강대국 승률이 71%, 약소국 승률이 29%였으나, 약소국이 비대칭적인 방법 등 전쟁 수행방법 달리했을 때 승률이 63%로 증가하는 것으로 분석했다. 이러한 현상은 현대전일수록 더욱 뚜렷하다고 주장하며, 1800~1849년 약소국의 승률이 11.8%, 1850~1899년에는 20.5%, 1900~1949년에는 34.9%, 1950~1998년에는 55%였다고 주장했다. Ivan Arreguin-Toft, "How the Weak Win Wars: A Theory Asymmetric Conflict," *International Security*, Vol. 26, No. 1 (2001).

행할 수 있는 기저는 은밀성이며, 한국 해군의 대잠능력은 매우 제한되고, 아울러, 대잠작전을 수행하기 매우 불리한 한반도 주변 해양 환경은 주변국의 잠수함 능력을 배가시키는 원인을 제공한다고 본다. 따라서, 주변국 잠수함의 전략적 역할을 거부할 수 있는 획기적인 한국의 대잠능력의 확보가 시급하다.

　북한의 연평도 포격과 천안함 폭침 이후, 해군의 대잠전 능력 향상에 대해 일시적으로 군내 · 외의 관심이 고조되었으나, 안타깝게도 기존의 전력을 일부 보강하는 수준에 머물렀다. 이는 대잠전 능력 향상에 대한 절박함은 있으나, 국가적 역량을 통합할 수 없었기 때문으로 판단된다. 1943년 4~5월 사이 연합군이 독일의 유보트(U-Boat)를 '사냥감이 된 사냥꾼'[15]으로 만들었던 결정적인 이유에는 연합국들의 국가 차원의 민 · 군 간 노력의 통합이 있었다는 사실을 잘 인식할 필요가 있다.[16]

15　제2차 세계대전 당시 독일의 유보트 작전에 대항하기 위해 연합국이 동원한 대잠세력은 대잠함 5천 5백척, 소형함 2만 척, 항공기 2천 대, 병력 70만 명이었으며, 이는 독일 잠수함 1척에 대해 연합국 수상전투함 25척, 대잠항공기 100대가 대항한 것이다. 독일 잠수함부대가 제2차 세계대전 중 군함 193척 격침 및 대파, 상선 2,759척 격침(총 1,411만 9,413톤과 인원 20만 명)했는데, 1943년 4~5월 독일의 유보트는 연합국의 잠수함 탐지기술과 전술의 개발로 그 우위를 상실했다. 피터 크레머 저, 최일 역, 『U-333』(서울: 도서출판 문학관, 2004), p. 11, 203; 김현승 · 황병선, "제1차 세계대전기 미국 해군 대잠전 전술의 변천 연구", 『군사연구』 143집(2017.5), pp. 295~297; 문근식, "U-Boat 신화, 연합국 대잠기술 앞에 무너지다", 『이코노믹리뷰』(2014.5.20일자).

16　제2차 세계대전 시 소나(Sonar, 음파탐지기)의 기원은 1917년 영국, 프랑스, 미국 과학자들의 음파 탐지시스템 연구인 ASDIC(Anti-Submarine Detection Investigation Committee) 프로젝트였다. 특히, 1917년 하버드와 MIT대학에서 공학박사를 취득한 버나바 부시는 제1차 세계대전 중 미국의 국가연구위원회에서 잠수함 탐지기술을 개발했다. 1941년 미국의 과학연구개발국(Office of Scientific Research & Development, OSRD) 부장이 된 부시는 레이더 개선, 소나(음파탐지기), 대잠수함 무기 개발로 제2차 세계대전을 승리로 이끌었다. 레이더의 경우, 1922년 아마추어 무선통신 애호가에 의해 적의 배를 탐지할 수 있는 새로운 방법으로 제시되었으나, 해군은 이러한 제안을 무시했다. 이러한 기술은 1940년 말 부시에 의해 단파장 레이더 시스템 개발의 시초가 되었으며, 이를 항공기에 탑재함으로써, 영국은

더욱이 현대 잠수함 기술은 날로 진보하고 있어 잠수함을 탐지하기가 매우 곤란해지고 있다. 이에 따라 발전된 민간 과학기술을 적극 활용하여 대잠 탐지기술을 확보하고, 군내에서는 이를 활용할 수 있는 전술 개발이 절실하다. 이를 위해 국가 차원의 적극적인 지원하에 국가적 역량을 통합할 수 있도록 '산학연 통합 국가 대잠전 발전위' 같은 조직의 신설이 필요하다. 지금까지 개발된 적용 가능한 모든 기술을 활용하여 '한국형 대잠전 능력'을 확보해야 한다. 주변국과 북한의 잠수함에 대한 위협을 제거할 수 없는 한, 그나마 열세한 전력을 운용할 예정인 기동함대의 전략적 억제력과 해상교통로 보호 등 적극적인 국가정책 지원은 기대할 수 없다.

끝으로, 기동함대에 탑재되는 무기체계의 비대칭적 능력을 향상시킬 필요성이 있다. 이를 위해 주변 강대국의 무기체계와 유사한 고가 무기체계를 고려하기보다는 우리가 획득하여 배치할 무기체계가 주변 강대국의 무기체계 및 장비에 얼마만한 '적합도(fit)와 효과(effect)'를 갖는지 면밀히 분석하고, 높은 적합도와 효과를 갖는 무기체계 위주로 탑재가 이루어져야 할 것이다.

역사적으로 비대칭적 능력은 주변 강대국과 대항해야 하는 국가에게 분쟁에서 승률을 높여주는 방법이었다. 비대칭적 능력의 확보는 주변국 기동부대에 비해 상대적으로 열세한 한국 해군의 기동함대 능력을 보완할 수 있는 최선의 방법인 것이다. 이를 위해 기동함대에 장착될 무기체계 획득 시 적합도와 효과를 면밀하게 검토할 담당부서의 역할과

1943년 봄이 되어서나 독일의 유보트의 위협에서 벗어날 수 있게 되었다. 차상균, "2차대전 승리 이끈 미 과학 영웅 부시, 실리콘밸리 씨 뿌려", 『중앙선데이』(2021.2.6일자).

그 위상도 제고할 필요성이 있다. 기동함대 능력을 향상시키기 위한 일련의 비대칭적 무기체계의 선정 과정도 어떠한 이유에서건 변형되지 않도록 국방부와 관련 기관의 세밀한 관심도 요구된다.

제3절 국가 해상교통로 보호전략 수립

주변국들의 급격한 해군력 팽창은 한국에게 명백한 위협요인으로 작용하고 있다. 특히, 본 연구에서 분석한 바와 같이 역사적으로 국가 간의 분쟁이 발생했을 경우, 가장 효과적이고 효율적인 수단이 해상봉 쇄였으며, 우리를 둘러싼 주변국들은 우리의 해상교통로를 위협할 수 있는 충분한 능력과 의도를 갖추고 있다.

그러나, 한국의 대비는 주로 직접적인 북한의 위협에 대비하기 급급했으며, 다수의 학자들과 국민, 해군을 포함한 해양 관련 기관들의 논리적인 주장에도 불구하고, 아직까지 주변국들의 한국 해상교통로에 대한 위협에 대한 국가 차원의 명확한 대비와 가이드라인 공표와 같은 의지 표명이 잘 이루어지고 있지 않다. 다행히도 한국의 해상교통로에 대한 주변국의 위협이 발생하지는 않았으나, 해상교통로는 우리의 생존과 번영에 직결되는 사활적인 이익에 해당한다. 따라서, 이에 대한 보호계획은 일본과 같이 국가정책의 최우선순위에 위치해야 하며, 특정 기관만의 전유물로 판단하고 시행해야 할 문제로 치부할 수 없는 것이다.

해상교통로 문제는 국가 차원의 통합된 노력이 절실히 요구되는 부분이다. 그 이유는 해상교통로가 한국에 미치는 영향이 매우 사활적이나, 이에 반해 이기주의, 정책 우선순위에서 배제 등과 같은 각종 문제들을 특정 기관이 나서서 해결하기에는 역량이 부족하기 때문이다. 국가 생존이 걸린 문제는 국가가 직접 나서서 해결하든지, 맡긴 기관에 충분한 역량을 부여할 때 해결될 수 있다.

그나마 최근 국가와 국방부 차원의 관심으로 기동함대 창설과 경항모 사업이 괘도에 올라 다행이긴 하다. 하지만, 우리의 사활적인 국가이익을 보장해줄 기동함대 창설이 이제야 시작되었다는 점은 기동함대 창설 이전까지 예상되는 안보 불안과 국가경제에 대한 악영향에 대한 우려를 어떻게 불식시킬 것인가에 대한 또 다른 국가적 고민을 하게 만드는 사안이 되고 있다.

이러한 우려를 불식시키기 위해서는 기동함대 창설의 조기 추진과 국가 차원의 해상교통로 보호계획 수립이 필요하다고 본다. 여기서 국가 차원의 해상교통로는 국가급 해상교통로(National SLOCs)로 지칭되며, 국가안보 소요를 충족하기 위해 국가가 설정한 교통로를 말한다.[17] 따라서, '국가급 해상교통로 보호계획'이란, 국가가 평시, 위기 시 또는 분쟁 시 국가안보 소요를 충족시키기 위해 필요로 하는 정책 및 전략을 의미한다고 할 수 있다. 즉, 분쟁 시 국가가 이를 수행하기 위해 필요한 물자와 용역 등의 원활한 수급을 보장하는 것과,[18] 평시 또는 위기 시 국가의 번영과 발전에 필요한 원활한 수출입 보장 등과 같은 안보 소요를 충족시킬 수 있는 국가급 정책 또는 전략이라고 할 수 있다.

---

17 윤석준, "다자간 해상교통로 개념발전에 관한 연구", 『해양연구논총』 26집 (2001.6), p. 38.

18 윤석준 및 오관치 박사는 국가급 해상교통로의 개념을 국가의 안보 소요를 보장하기 위한 정책 또는 전략으로 인식하고 있다. 오관치, "국가안보대선제도", 『국방논집』 37집 (1997).

그러나, 한국의 국가급 해상교통로를 보호하기 위한 계획은 명확히 수립되어 있지 않다. 따라서, 한국 해군의 해상교통로 보호임무와 역할도 개념적인 수준에 머무르고 있는 것이다. 이는 국가의 명운이 걸린 해상교통로가 주변국의 능력과 의도에 따라 좌지우지될 수밖에 없음을 의미하는 것이다. 국내외적인 상황의 변화에도 불구하고, 평시 한국의 생존과 번영을 보장할 수 있는 일정량의 수출입 물동량의 확보와 전시 동맹국의 증원과 전시 물자는 상시 확보되어야 할 것이다. 이를 위한 첫 번째 대안은 국가급 해상교통로 보호계획의 수립으로 상정해볼 수 있고, 이와 연계하여 관련 조직들의 역할과 임무가 세부적으로 제시될 필요성이 있다.

이를 위해서 한국의 해양정책을 총괄할 수 있는 국가 조직이 필요하다. 즉, 국가의 제반 능력을 동원하여 한국의 해양정책을 기획하고 집행할 수 있는 조직이 신설되어야 한다. 해상교통로 문제는 기동함대라는 군사력 투사 수단으로만 보장되는 것이 아니다. 왜냐하면, 해상교통로의 문제는 우리나라의 해양 관련 기관, 산업 및 무역 관련 기관, 외교 관련 기관 및 군 기관에까지 광범위하게 영향을 미치기 때문이다. 따라서, 이에 대한 보호조직은 국가 전체의 행정력이 집중될 수 있도록 구성할 필요가 있고, 이를 총괄하는 부서의 장은 각부 행정기관을 총할하는 국무총리 또는 부총리급으로 임명될 필요성이 있다. 이를 통해 평시, 위기 또는 분쟁 시 한국의 해상교통로를 보호하기 위해 필요한 국가정책 및 전략들이 적극적으로 수립되어야 한다.

제4절 다자간 해상교통로 형성을 위한 협력

    다자간 해상교통로(Multinational SLOCs)의 정의도 정립되지는 않았다. 하지만, 공동안보 개념에 기초해 지역 내 어느 한 국가가 주장한 해상교통로가 인접국가들에게 도움이 되면, 이를 '양자간 해상교통로'라고 지칭할 수 있으며, 관련 국가가 다자인 경우를 '다자간 해상교통로'라 정의할 수 있다.[19]

    각 국가들은 자국 우선주의를 강화하고, 이에 따라 경제적 이익을 확보하기 위해 노력하는 것은 물론, 경제문제를 지렛대로 삼아 정치적 영향력 확대도 도모하고 있다. 이에 따라서, 동아시아 국가 간 경쟁과 갈등관계가 구조화되고는 있지만, 상호 간 경제적 의존도 증대 등 교류와 협력의 활성화로 국제관계의 안정과 평화가 유지되고 있다. 상호 호혜가 존재하는 것이다. 이러한 맥락에서 인접국가들과의 해상교통로 형성은 한국뿐만 아니라, 관련 국가들에게 이익을 제공해주는 공통의 관심사인 것이다.

---

19   윤석준, "다자간 해상교통로 개념발전에 관한 연구", p. 38.

우선적으로, 다자간 해상교통로를 형성하기 위해서는 지금까지 시행해온 다양한 해양협력들을 집중할 필요가 있다. 우리와 같은 해상교통로를 이용하는 국가들과 신뢰증진을 바탕으로 한 적극적인 해양협력에 관심을 두어야 한다. 신뢰를 증진할 수 있는 방안들로는 상호 호혜의 원칙하에 공통의 해상교통로 보호를 위한 해양협력 정책들을 이들 국가들과 함께 추진하는 것이 필요하다. 특히, 불특정 위협으로부터 다자간 해상교통로를 보호할 수 있는 방안으로 다자간 해상교통로 보호를 위한 해군협력(Mutinational Naval Cooperation, MNCO) 방안도 추진해야 한다.[20]

둘째, 해상교통로 보호를 위한 지역적 협력체제를 형성할 수 있도록 상호 간 협력도 필요하다. 이는 지역 및 국제기구를 활용하는 방안이 있을 것이다. 우선, 지역 내 다양한 협력체들을 통합하여 다자간 해양협력의 메커니즘으로 발전시켜 나갈 필요가 있다. 예를 들면, 1994년 이후에 지역의 공동안보를 달성하기 위해 다자간 협의체로 성장하고 있는 아세안지역 포럼(ARF)을 활용하는 방안이 있을 수 있다. 특히, 아세안지역 포럼은 '정부 간 및 비정부 간 협의방안' 모두를 추구하고 있으므로 지역 내 다자간 협력체제를 형성하기 위해 활용할 가치가 있다고 판단된다.

국제연합 산하의 기구를 활용할 필요도 있다. 특히, 1982년부터 국제해운의 안전, 국가 간 기술협력 및 오염 등 국가 간 해사(Maritime Affairs)업무를 담당하는 국제해사기구(International Maritime Organization, IMO)는 지역 내에서 다수의 국가 간의 해상교통로를 형성하기 위한 최

---

20 Michael C. Pugh, "Multinational Naval Cooperation," *Proceeding* (March, 1994), pp. 72~74.

적의 메커니즘이 될 수 있다. 국제해사기구는 모든 유엔 가입국들에게 열려 있으므로 국제무역에 영향을 미치는 문제들을 협의할 수 있다. 특히, 해사업무를 추진하는 위원회 중 해상안전위원회(Maritime Safty Committee, MSC)를 활용하여 지역 내 다자간 해상교통로 보호를 위한 소위 및 특별실무위를 설치하여 운용할 수 있을 것으로 판단된다.

우리는 국력, 특히 해군력 면에서 주변 강대국들과 비교할 수 없을 정도로 열악하다. 하지만, 현재 중국의 팽창과 이에 대한 대응으로 표현되는 동아시아 지역 내 경쟁에서 한국이 할 수 있는 역할을 간과해서는 안 된다. 즉, 우리는 '안보는 미국과 경제는 중국과'라는 '안미경중(安美經中)의 선택의 딜레마'에 빠져 있으나, 각 국가에게 줄 수 있는 한국의 영향력 또한, 과소평가해서는 안 된다. 한국으로서는 동아시아 해양 거버넌스의 확립 노력과 함께 국제기구 및 다른 국가들과의 상호협력을 확대할 필요성이 있다. 따라서, 현 시점에서 우리의 해상교통로가 지나는 연안국들과의 다자간 해양안보 협력체 조성은 실효성 있는 대안으로 판단된다.

또한, 이란의 호르무즈 해협 봉쇄 위협에 대응하여 미국 주도로 구성된 국제해양안보구상(International Maritime Security Construct, IMSC)[21]과 유

---

21 2019년 7월 이후 미국은 항해의 자유와 중동에서 해양안보를 목표로 '해양안전보장 이니셔티브'(Maritime Security Initiative for the Persian Gulf)에 국가들의 참가를 요구했고, 2019년 11월에는 해양안보구상을 발족하고 바레인에 사령부를 설치했다. 2020년 4월 현재, IMSC에는 미국, 영국, 호주, 사우디, 바레인, UAE 및 알바니아 등 8개국이 참가하고 있다. 해양안보구상은 작전명 센티넬(Operation Sentinel)로 작전목표는 페만, 호르무즈 해협, 바브 엘 만데브 해협, 오만해 등의 공해상에서 해양의 안정과 항행의 자유를 확보하며, 긴장을 완화하는 것이며, 참가국들 간에 조정을 통해 참가국 함정들이 자국 선박을 호위할 수 있도록 조치하고 있다. 박명희, "일본 자위대 중동파견의 주요쟁점과 시사점", 『국회입법조사처 이슈와 논점』 1712호(2020.2.8), p. 2.

사한 해양안보구상을 통해 중동, 인도양, 말라카 해협, 남중국해, 동중국해, 한국에 이르는 해상교통로를 보호하는 해양안보협력체 구성도 고려해볼 수 있다. 우리나라와 일본, 인도, 호주 등과 아세안국가들와 중동 산유국들이 주축이 되어 미ㆍ중 해양패권 경쟁에서는 중립적 입장을 견지하며, 해상교통로에서 발생 가능한 다양한 위협에 대해서는 공동으로 대응하는 것이다.

다자간 해상교통로 형성을 위한 또 하나의 해양협력으로 제시할 수 있는 것은 베트남의 캄란(Cam Ranh)항에 대한 상호 기항 확대정책 추진이다. 베트남 남동부의 천연항인 캄란항은 인도양과 서태평양의 길목에 위치하고 있다. 따라서, 캄란항은 베트남이 중국과 영유권을 다투고 있는 남사군도에 근접한 전략적 요충지로서, 과거 베트남전에서는 미군의 보급기지로 사용되었다. 전쟁 종료 후에도 캄란항은 구소련의 주요한 전략적 거점이었다.

베트남은 다양한 국가들과 파트너십을 맺으면서도 어느 한 국가에 편승하지 않으려는 3불 정책(三不, Three No)을 추진해 왔다. 이로 인해 캄란항에 대한 기항은 활발히 이루어지지 않았다. 하지만, 2016년 개항되면서 일본을 포함한 각 국가의 해군함정이 기항하고 있다. 특히, 2015년 중국의 공세적인 해양진출에 대항하여 일본과 베트남이 공동 대응하는 데 합의했고, 이후 일본 해상자위대 함정의 기항도 급속히 확대되고 있다.[22]

이는 남중국해에서 중국과 영유권 경쟁 중인 베트남에게는 자위대

---

22 여기서 베트남의 3불 정책은 ① 동맹불가, ② 타국에 기지제공 불가, ③ 제3국 반대에 대한 다른 국가와 결탁 불가이다. 이기태, "일본의 대베트남 안보협력: 소프트 안보협력", 『일본학보』 122권(2020.2), pp. 271~276.

의 힘을 빌려 남중국해에서의 존재감 강화, 일본에게는 해상교통로 보호를 위한 남중국해의 원활한 감시활동이라는 양측의 이익이 맞아떨어진 사례이다.

그러나, 캄란항에 대한 우리의 관심은 아직도 미흡한 실정이다. 해군기지는 해군력의 바다에 대한 보편적 접근성, 전력운영의 다양한 융통성, 힘과 의지를 표출하는 가시성 또는 현시성을 보장해줄 수 있는 주요 요소라 할 수 있다. 이러한 관점에서 우리 기동함대 전력이 우리의 남방항로가 지나는 길목인 캄란항에 상시 기항할 수 있다는 것은 전략적인 측면에서 기동함대 능력의 신장을 의미한다. 한국과 베트남 간 해양협력을 통해 캄란항에 우리의 해군함정이 자유롭게 기항할 수 있다면, 우리의 해상교통로 보호를 위한 해양협력의 확대와 더불어, 미래 기동함대 활동을 위한 전략적 거점으로서 역할을 충분히 수행할 수 있을 것이다.

제7장

결론

주변국은 공세적인 해양정책과 이에 따른 해군력 증강으로 한국의 해상교통로를 봉쇄할 수 있는 능력과 의지를 갖추고 있다. 특히, 우리와 해양에서 영유권을 다투고 있는 중국과 일본에 의한 한국의 해상교통로 봉쇄 가능성은 상시 열려있다고 봐야 한다.

먼저, 중국은 국익수호의 관점에서 자신들의 핵심이익이 해상교통로의 안보에 있다고 간주하고, 해상교통로의 안보를 보장하기 위해 해군력을 급속히 증강하고 있다. 중국은 주변국에 대한 해상봉쇄를 수행할 수 있는 월등한 해군력뿐만 아니라, 해양경찰과 해상민병대(Maritime Militia)도 보유하고 있다. 특히, 해상민병대는 중국의 회색지대 전략을 수행할 수 있는 유용한 정책 수행도구로 사용되고 있다. 따라서 중국은 해상민병대를 활용하여 한국의 해상교통로에 대한 봉쇄를 수행할 것으로 판단된다.

둘째, 전략적 측면에서도 중국은 도련선 전략을 통해 서태평양으로의 진출을 추진하고 있고, 진주목걸이 전략을 통해 인도양 방향으로 팽창정책을 추진 중이다. 두 전략이 구현되는 장소는 중국의 에너지 수송로와 일치하며, 이는 한국의 주요 해상교통로인 남방항로와도 일치한다. 즉, 우리와 똑같은 항로를 통해 필요한 에너지 자원을 수입하고, 물품을 수출한다. 위와 같은 지정학적 환경은 한국의 해상교통로가 중국의 공세적인 해양팽창 전략에 직간접적인 영향을 받을 수 있다는 것을 시사하고 있다.

셋째, 중국은 한국을 포함한 주변국들에 대한 영향력 행사를 위한 조치를 적극 시행하고 있다. 대표적으로 중국은 남중국해 전체의 90%에 달하는 지역에 대한 영유권을 주장해왔다. 최근 9단선에서 10단선으로의 확대 주장은 이를 단적으로 대변해주는 것이다. 중국에서 발행한 지도를 보면 남중국해 대부분을 자신의 영해로 표기해놓고 있다. 함정 과 해상민병대의 공격적인 운용, 공식적인 성명이 뒷받침하고 있듯이, 이 지도는 중국의 영향력 행사 의도를 내포하고 있다. 즉, 중국은 남중 국해에서 자신은 해양을 자유롭게 이용하면서 한국을 비롯한 주변국의 해양 이용을 거부하는 '현대판 해양지배'를 달성하고자 하고 있다.

중국은 서해 잠정조치수역 내에서도 군사용으로 추정되는 불법 부 표를 설치했을 뿐만 아니라, 최근에는 중국 해양세력들이 수역 중간선 (동경 123도선)을 월선하여, 수역 동쪽 끝단인 124도선 이동(以東)에서도 자유롭게 활동하고 있다. 위와 같은 일련의 행위들은 중국이 주변국에 대해 영향력을 행사하려는 열망과 집착이 얼마나 큰지를 말해주고 있다.

또한, 한국의 해상교통로 봉쇄에 대한 중국의 또 하나의 영향력 행 사 의지의 표현은 경제적 강압 정책이다. 중국이 경제적 강압 정책을 즐 겨 사용하는 이유는 자신의 피해가 상대방의 피해보다 매우 적기 때문 이다. 무엇보다도 중요한 점은 중국의 영향력 행사의 대상이 한국의 경 제에 지향하고 있다는 점이다. 따라서, 한국이 경제발전을 위해 전적으 로 의존하는 해상교통로에 대한 중국의 위협은 항상 존재하고 있고, 앞 으로도 존재할 것이라고 보는 것이 타당할 것이다.

특히, 미 · 중 간 패권경쟁이 본격적인 군사적 대결로 확대될 경우, 중국은 미국의 동맹국인 한국에 대해 영향력을 행사할 필요성을 절실히 느낄 수 있다. 그러므로 중국은 영향력 행사를 위한 다양한 옵션 중에서 전쟁으로 비화되지 않도록 분쟁의 스펙트럼을 잘 관리하면서, 동시에 정치적 목적을 달성할 수 있는 한국의 해상교통로에 대한 봉쇄를 선택 할 가능성이 높다.

일본 역시, 우리의 해상교통로를 위협할 수 있는 충분한 능력과 의도를 가지고 있다. 현시점에서 일본은 한국의 해상교통로에 대한 봉쇄를 실행할 수 있는 실질적인 능력과 의지를 가지고는 있으나, 여건이 성숙되지 않았다고 보는 것이 보다 정확한 분석일 것이다. 그 이유는 다음과 같다.

첫째, 일본은 국익수호와 이를 뒷받침할 수 있는 해양전략을 적극 추진하고 있다. 일본은 해상교통로 확보에 명운을 걸고 있으며, 정책의 최우선순위로 해상교통로 보호를 선정했다. 그 이유는 한국과 같이 해상교통로에 생존과 번영이 달려 있으나, 그 해상교통로는 중국의 해양 팽창정책의 근원지로서 매우 취약하여 심각한 영향을 받을 가능성이 농후하다고 인식되기 때문이다. 그 위협의 인식은 2020년 발표된 방위백서와 제반 해양정책에도 반영되었다.

일본은 해양전략의 범위를 지속적으로 확대하고 있다. 최근 2,000해리 방어론으로의 변화와, 이를 보장하기 위해 대단히 공세적이고 적극적인 대비를 추진하고 있다. 대표적으로 일본은 세계 3위의 해군력을 바탕으로, '다차원 횡단 방위구상' 구현을 위해 기존 헬기항모에 수직이착륙기인 F-35B를 탑재할 수 있도록 개조개장을 하고 있고, 항모 개조를 결정한 뒤 바로 함재기 훈련계획도 세웠으며, 항공모함으로 개조하는 카가함을 중심으로 항공모함 전투단 훈련도 착수할 계획이다.

일본은 자신의 해상교통로와 중첩된 한국 해상교통로의 취약점을 그 어떤 국가보다 잘 인지하고 있을 가능성이 높다. 따라서, 상황과 여건만 조성된다면, 일본은 한국에 대한 영향력을 행사하기 위해 한국의 해상교통로 봉쇄를 우선적으로 고려할 수 있을 것이다.

둘째, 한국을 포함한 주변국들에 대한 영향력 측면에서 일본은 인도·태평양 지역에서 공공재를 보전하는 데 더욱 큰 역할을 수행하기 위해 노력하고 있다. 즉, 일본은 아시아국가에 대해 공공재를 제공할 수 있을 정도의 강한 일본을 추구하고 있다. 이를 통해 추론해볼 수 있는 것은 국제적인 상황과 여건이 조성되고, 한·일 간의 갈등이 전 분야로 확대된다면, 일본은 우월한 해군력을 활용하여 한국경제에 대한 막대한 손실을 강요할 수 있는 우리의 해상교통로에 대한 봉쇄를 유력하게 고려할 수 있을 것이다. 이미 일본은 2019년 한·일 간 과거사 문제들을 경제 분야로 연결시켜 한국에 수출규제라는 경제적 보복행위를 실시한 바 있다.

일본은 2020년 방위백서에서도 현안문제 중 하나로 북방영토와 독도를 지속적으로 거론하고 있다. 또한, 일본은 독도 영유권에 대한 강경 발언, 독도점령 시나리오 연구 및 기고, 2018년 일본판 해병대인 수륙기동단 창설 등 일관되고 집요한 주장과 정책들을 지속적으로 전개하고 있다. 아울러, 중국과의 센카쿠열도 분쟁, 러시아와 북방 4개 도서 영유권 분쟁 등에서도 일본의 영향력 확대를 위한 공세적인 정책은 지속되고 있다.

일본의 지속적이고 집요한 정책의 추진은 한국과 일본 두 국가 간 위기와 분쟁을 재촉하는 근원이 되고 있다고 볼 수 있다. 다만, 그 상황과 여건 조성이 불비하기 때문에 그 임계점 근처에서 머물고 있을 뿐이다. 하지만, 국제정치 상황과, 일본이 주변국에 대해 영향력을 미칠 수 있는 충분한 능력을 갖추게 되는 시기가 도래한다면, 한국에 대한 일본의 행위들은 소극적인 경제보복에 머무르지 않을 가능성이 높다. 즉, 일본은 한국경제의 최대 취약점인 해상교통로 봉쇄를 결정할 수 있다.

이 책에서는 국가 간 분쟁에서 각 국가들이 시행한 다양한 군사행동의 유형 중 해상봉쇄가 다른 군사행동에 비해 왜 상대적으로 유용한 군사행동인지, 그리고 우리의 해상교통로가 봉쇄되었을 때, 국민경제에 미치는 효과가 어느 정도인지를 정량적인 방법으로 분석했다. 해상봉쇄의 유용성 검증결과와 효과는 주변 강대국이 한국에 대해 영향력을 구사할 수 있는 대표적인 정책수단이 해상봉쇄일 것이라는 주장을 신뢰성 있게 뒷받침해주고 있다. 연구결과를 다시 제시해보면 다음과 같다.

우선, 목표달성비(比), 인명손실(명) 및 분쟁 소요기간(일) 측면에서 해상봉쇄의 유용성을 분석한 결과, 해상봉쇄는 국가정책을 지원하는 매우 효과적이고 효율적인 군사적인 수단임을 확인할 수 있었다.

해상봉쇄의 목표달성비는 모든 군사행동에 비해 상대적으로 매우 높았다. 이는 해상봉쇄가 모든 다른 군사행동에 비해 국가정책 목표를 달성할 가능성이 상대적으로 높은 군사행동이라는 것을 의미한다. 해상봉쇄의 목표달성비를 세부적으로 살펴보면, 군사행동이 없음에 비해 45배, 군사력 사용 위협에 비해 13배, 봉쇄 위협에 비해 4배, 영토점령 위협에 비해 15.6배, 군사력 과시에 비해 11배, 경계태세 변경에 비해 15배, 군사력 동원에 비해 10배, 국경 강화에 비해 42배, 국경에서 폭력행위에 비해 144배, 영토점령에 비해 3.1배, 인질 및 재산의 압류에 비해 14배, 공격에 비해 29배, 충돌에 비해 25배였다. 특히, 해상봉쇄는 국가가 정치적인 목적을 달성하기 위해 수행하는 극단적인 폭력행위인 전쟁에 비해 목표달성 가능성이 6배가량이나 높은 것으로 분석되었다.

인명손실(명)에서도, 해상봉쇄는 다른 군사행동에 비해 인명손실(명)이 매우 적은 효율적인 군사행동임을 확인할 수 있었다. 해상봉쇄의 인명손실(총 304명, 평균 6명)은, 전체 군사행동의 인명손실(총 112,120명, 평균 119명)보다 훨씬 적었으며, 전쟁의 인명손실(총 104,451명, 평균 780명)보다도 매우 적었다. 다만, 해상봉쇄는 영토점령(총 174명, 평균 2명)보다 인명손실(명)이 다소 많게 나타났다.

그러나, 분쟁은 국가 간에 서로 양립할 수 없는 이익의 충돌로, 인명피해 없이 원하는 정치·군사적 목표를 달성한다는 것은 매우 어려운 일임에 틀림이 없다. 역사적으로 시행된 총 4,958회 사례 중, 직접적인 군사력 접촉행위로 인해 인명손실(명)이 많았던 군사력 사용과 전쟁이 2,192회로 거의 과반(44.5%)을 차지하고 있다는 점도 이를 신뢰성 있게 뒷받침한다.

위와 같은 맥락에서 인명손실(명)이 평균 5~6명 수준이며, 상대적으로 높은 목표달성비를 갖는 해상봉쇄는 매우 유용한 군사행동인 동시에, 정치 지도자들이 국가정책의 마지막 수단(last resot)으로 사용할 수 있는 매력적인 수단임이 분명하다고 할 수 있다.

분쟁 소요기간(일)에서도 해상봉쇄는 효율적인 군사행동으로 평가된다. 분쟁 소요기간(일)은 전쟁이 가장 길었으며, 충돌, 해상봉쇄, 국경강화, 군사력 동원, 군사력 과시 등의 순으로 분석되었다. 따라서 해상봉쇄는 다른 군사행동에 비해 그 효율성이 다소 낮다고 평가될 수 있다.

그러나, 해상봉쇄국은 이 기간 동안 피봉쇄국의 핵심에 대해 직접적인 위협을 주지 않고, 피봉쇄국의 영역에서 떨어져 있으면서, 지속적인 강압을 수행할 수 있다. 따라서, 해상봉쇄에 소요되는 기간은 과도한 분쟁의 상승작용을 억제하고, 피봉쇄국에게 전략적 계산을 수행할 수 있도록 분쟁해결을 위한 적절한 시간을 제공하는 기간인 것이다.

또한, 해상봉쇄로 인한 불안정은 각 국가 간의 상대적인 국력의 크기에 따라 달라진다. 해상봉쇄를 시행하기 위해서는 우세한 해군력과 국력이 반드시 뒷받침되어야 한다. 따라서, 해상봉쇄 소요기간은 봉쇄국이 피봉쇄국에게 자신보다 훨씬 더 큰 피해를 강요함으로써 정치적 요구를 수용하게 하는 기간인 반면, 봉쇄국에게는 감당할 만한 손실을 인내하는 시간인 것이다. 따라서 해상봉쇄는 상대적으로 국력이 우세한 국가가 전쟁에 이르지 않는 방법으로 피봉쇄국에게 자국의 이익을 강요할 수 있는 매우 유용한 정치적 수단인 것이다.

해상봉쇄의 효과는 다음과 같이 분석되었다.

먼저, 한국의 해상교통로가 봉쇄되었을 경우, 연간 손실액은 약 1,723조 6,268억 원으로 분석되었다. 이는 국가예산의 약 3.1배, 국방예산의 약 33배에 달하는 손실이다. 세부 해상교통로별로는, 남방항로 봉쇄 시 892조 8,643억 원, 한중항로 409조 7,768억 원, 북방항로 293조 7,267억 원, 한일항로 127조 2,769억 원의 손실이 발생하는 것으로 분석되었다. 이는 남방항로가 봉쇄되었을 경우 국가예산의 약 1.6배, 한중항로는 약 0.7배, 북방항로는 약 0.5배, 한일항로는 약 0.2배에 해당하는 금액이다. 특히, 중국이 현재와 같이 경제적 강압 정책의 일환으로 한중항로를 통한 한국의 수출을 55%만 차단해도, 한국은 과거 국가 부도 시 IMF 구제액의 2배 이상에 상응하는 피해를 입게 된다.

연구결과는 우리의 해상교통로 보호를 위해 국가적 차원에서 관심과 노력의 필요성을 제기해주고 있다. 국가적 차원의 관심과 노력은 우선적으로 다음 네 가지 사항에 집중되어야 한다. 먼저, 지속되고 있는 기동함대의 필요성에 대한 논쟁에 종지부를 찍고, 적기에 전력화를 추진해야 한다. 한국도 해상교통로에 국가의 명운을 걸고 있는 중국과 일본의 상황과 별반 다르지 않다. 그럼에도 우리는 해상교통로를 보호하기 위한 제반 정책적 조치들은 미온적이며, 한국의 해군력 증강사업이 계획대로 진행되더라도 2030년 중반에나 기동함대의 실전배치가 가능하다.

기동함대의 가치는 비용 대(對) 편익비 분석결과, 분쟁 시 기동함대가 우리의 해상교통로를 완벽하게 보호할 수 있는 능력을 갖출수록 비용 대 편익비는 최대 1,326배에 이른다. 기동함대의 전력화가 늦어질수록 비용 대 편익비는 1,326배에서 급격히 감소될 것으로 판단된다. 이는 기동함대 적기 전력화 필요성을 정량적으로 보여준다.

둘째, 기동함대의 비대칭적 능력 향상을 위해 국가적 노력을 집중해야 한다. 한국 해군의 기동함대는 중국이나 일본의 기동부대에 대응하여 전략적 억제력을 발휘하고 국가정책을 뒷받침하기에는 부족하다. 따라서, 이러한 제한사항을 극복하기 위해서 최근 한국 경항공모함 건설에 대한 논란의 종지부를 찍고, 한국의 기동함대의 핵심전력으로 적정 척수의 항공모함을 포함시키는 방안을 추진할 필요성이 있다. 이는 국가 생존과 번영의 대부분을 바다에 의존하고 있는 한국에게 논쟁의 대상이 될 수 없는 것이다.

또한, 기동함대 전력의 전투 효율성을 높이는 방법을 적극적으로 추진해야 한다. 먼저, 기동전단에 포함된 전력 중 비대칭 전력을 증강해, 주변국의 기동부대에 효과적으로 대응할 수 있도록 해야 한다. 이를 위해 원거리 고속 잠항 및 장기간 작전이 가능한 핵 추진 잠수함의 확보와 기동함대 내 배속이 필요하다. 그 배속 규모는 주변국 기동부대의 전력비 또는 작전능력의 차이를 보완할 수 있을 충분한 정도의 규모로 검토되어야 한다.

기동함대의 능력 중 대잠수함 능력도 획기적으로 개선할 필요성이 있다. 주변국 잠수함의 전략적 역할을 거부할 수 있도록 국가 차원의 민·군 간 노력의 통합을 통해 획기적인 한국의 대잠수함 능력의 확보가 시급하다.

셋째, 기동함대에 탑재되는 무기체계가 주변 강대국의 무기체계 및 장비에 얼마만한 '적합도와 효과'를 갖는지 자세히 분석하고, 높은 적합도와 효과가 있는 무기체계 위주로 탑재가 이루어져야 할 것이다. 비대칭적 능력의 확보는 주변국 기동부대에 비해 상대적으로 열세한 한국 해군의 기동함대 능력을 보완할 수 있는 최선의 방법인 것이다.

넷째, 주변 강대국의 해상봉쇄에 대비해 국가 해상교통로 보호전략 수립도 요구된다. 역사적으로 국가 간의 분쟁이 발생했을 경우, 가장 효과적이고 효율적인 수단이 해상봉쇄였으며, 우리를 둘러싼 주변국들은 우리의 해상교통로를 위협할 수 있는 충분한 능력과 의도를 갖추고 있다. 따라서, 이에 대한 보호계획은 일본과 같이 국가정책의 최우선순위에 위치해야 하며, 해상교통로 문제는 국가 차원의 통합된 노력이 절실히 요구되는 부분이다. 이를 위해 국가 차원의 해상교통로 보호계획 수립이 필요하고, 이와 연계하여 관련 조직의 역할과 임무들이 명확히 제시되어야 한다. 또한, 국가의 제반 능력을 동원하여 한국의 해양정책을 기획하고 집행할 수 있는 조직이 신설되어야 한다. 이를 통해 평시뿐만 아니라, 위기 시 또는 분쟁 시 안보소요를 충족할 수 있도록 해상교통로 보호를 위한 정책 및 전략을 수립해야 한다.

끝으로, 다자간 해상교통로 형성을 위한 해양협력도 적극적으로 추진해야 한다. 다자간 해상교통로 형성을 위해 분산된 해양협력을 통합할 필요가 있다. 이를 위해서 같은 해상교통로를 이용하는 국가들과의 신뢰증진과 협력을 추진해야 한다. 지역 내 각 국가와 해상교통로 보호를 위한 지역 협력체제를 형성할 수 있도록 다양한 방안들도 마련해야 한다.

대표적으로 미국 주도의 국제해양안보구상(International Maritime Security Construct, IMSC)과 유사한 해양안보구상을 통해 중동, 인도양, 말라카 해협, 남중국해, 동중국해, 한국에 이르는 해상교통로를 보호하는 해양안보협력체 구성도 고려해볼 수 있다. 또한, 전략적인 측면에서 기동함대 능력의 신장을 위해 베트남의 캄란항(Cam Ranh)에 대한 상호 기항 확대정책을 적극적으로 추진해야 한다.

이 책은 해상봉쇄의 유용성과 그 효과를 연계한 학문적 시도로 평가할 수 있다. 또한, 주변 강대국으로 둘러싸여 있고, 구조적으로 매우 취약한 해상교통로를 가진 한국에게 해상교통로 보호의 필요성을 보다 구체적으로 제시한 연구이다. 따라서 이 책은 학술적으로나 정책적으로도 유의미한 연구 성과물로 평가할 수 있다.

그러나, 다음과 같은 미비점으로 인해 후속 연구의 필요성이 제기된다. 우선, 이 책에서는 연구결과의 설명력을 제고하고자 해상교통로가 완전히 봉쇄되는 경우, 55~67% 봉쇄되는 경우를 상정하여 예상되는 피해액을 산출했다. 하지만, 해상봉쇄는 시행하는 국가의 능력과 의도에 따라 그 정도가 달라질 수 있고, 협력에 의해 일부 해상교통로가 개항되어 그 피해 정도가 변화될 수 있다. 따라서, 다양한 상황을 상정한 연구는 해상봉쇄의 유용성과 효과성을 보다 객관적이며 논리적으로 설명하게 해줄 수 있다.

둘째, 우리의 바다는 세상과 소통하는 장(場)이자, 우리에게 생존과 번영을 가져다줄 혈관으로서 역할을 수행한다. 하지만, 해상봉쇄의 유용성과 효과와 연계하여 우리의 해상교통로 봉쇄에 대한 전략적 함의를 도출한 연구는 매우 부족했다. 또한, 우리의 해상교통로 봉쇄에 대비한 국가적 관심도 그다지 크지 않았다. 이 책이 이에 대한 경종을 울리며, 국가 차원의 관심과 정책적 조치를 이끌어내는 데 조금이나마 도움이 되었으면 한다. 따라서, 이 책에 이은 후속 연구가 지속될 수 있기를 기대한다.

참고문헌

1. 국내 단행본

강광하(2000). 『산업연관분석론』. 서울: 연암사.

강영오(1998). 『해양전략론 이론과 적용』. 서울: 해양전략연구소.

국방대학교 국가안전보장연구소(2020). 『2020-21 RINSA 세계안보정세 분석과 전망』. 논산: 국방대학교.

국방부(1979). 『한국전쟁사 제2권』. 서울: 국방부.

_____(2011). 『비용편람』. 서울: 국방부.

_____(2019). 『국방개혁 2.0』. 서울: 국방부.

기구시 히로시 저, 국방대학교 역(1993). 『전략기초이론』. 서울: 국방대학교.

김동욱(2009). 『한반도 안보와 국제법』. 서울: 한국학술정보주식회사.

김열수(2010). 『국가안보: 위협과 취약성의 딜레마』. 서울: 법문사.

노경섭(2019). 『제대로 알고 쓰는 논문 통계분석』. 서울: 한빛 아카데미.

등소창(藤原彰) 저, 엄수현 역(1994). 『일본군사사』. 서울: 시사일본어사.

마이클 T. 클레어 저, 이춘근 역(2008). 『21세기 국제자원 쟁탈전: 에너지의 새로운 지정학』. 서울: 한국해양전략연구소.

버나드 브로디(Bernard Brodie) 저, 해군본부 역(1965). 『해군전략입문』. 서울: 해군본부.

알렉산더 웬트 저, 박건영 외 역(2009). 『국제정치의 사회적 이론: 구성주의』. 서울: 사회평론.

알프레드 마한(Alfred T. Mahan) 저, 김득주 외 공역(1974). 『해군전략론』. 서울: 동원사.

에드워드 밀러(Edward S. Miller) 저, 김현승 역(2015). 『오렌지 전쟁계획: 태평양 전쟁을 승리로 이끈 미국의 전략, 1987-1945』. 서울: 연경문화사.

유석형(2009). 『전평시 국가 해상물동량 예측에 따른 해상교통로 안보와 해군력 발전』. 서울: 한국종합물류연구원.

이학식 · 임지훈(2018). 『SPSS 24 매뉴얼』. 서울: 집현재.

일본방위성 저, 해군본부 역(2018). 『2018년 일본 중기방위력정비계획』. 계룡: 해군본부.

_____(2018). 『2018 일본 방위계획대강』. 계룡: 해군본부.

일본방위성 저, 정재영 역(2020). 『2020 일본 방위백서』. 계룡: 해군본부.

일본 海人社(2012). 『세계의 함선』 3월호.

임경한 · 오순근 외(2015). 『21세기 동북아 해양전략: 경쟁과 협력의 딜레마』. 성남: 북코리아.

제임스 조지(James L. George) 저, 허홍범 역(2004). 『군함의 역사』. 서울: 한국해양전략연구소.

존 J. 미어셰이머 저, 이춘근 역(2004). 『강대국 국제정치의 비극』. 서울: 나남.

차도회(2012). 『동아시아 미중 해양패권 쟁탈전』. 성남: 북코리아.

최영찬(2022). 『미래의 전쟁 핸드북 2022』. 논산: 합동군사대학교.

최지웅(2019). 『석유는 어떻게 세계를 지배하는가?』. 서울: 부키.

켄트 E. 콜더 저, 오인석 · 유인승 역(2013). 『신대륙주의: 에너지와 21세기 유라시아 지정학』. 서울: 아산정책연구원.

콜린 그레이(Colin S. Grey) 저, 임인수 · 정호섭 역(1998). 『역사를 전환시킨 해양력: 전쟁에서 해군의 전략적 관점』. 서울: 한국해양전략연구소.

팀 마샬 저, 김미선 역(2020). 『지리의 힘』. 서울: 도서출판 사이.

피터 자이한 저, 홍지수 역(2019). 『셰일혁명과 미국 없는 세계』. 서울: 김앤김북스.

피터 크레머 저, 최일 역(2004). 『U-333』. 서울: 도서출판 문학관.

한국은행(2007). 『2007년 산업연관분석 해설』. 서울: 한국은행.

_____(2014). 『2014년 산업연관분석 해설』. 서울: 한국은행.

_____(2019). 『2015년 산업연관표』. 서울: 한국은행.

합동군사대학교 역(2019). 『美 Joint Doctrine Note 1-18. 전략 Strategy』. 논산: 합동군사대학교.

해군미래혁신연구단(2020). 『20-1호 세계해군발전 소식』. 계룡: 해군미래혁신연구단.

해군본부(2017). 『해군기본교리 기본교범 0』. 계룡: 해군본부.

_____(2018). 『해군작전 기준교범 3』. 계룡: 해군본부.

_____(2018). 『해군비전 2045』. 계룡: 해군본부.

_____(2020). 『해양차단작전 운용교범 3-12』. 계룡: 해군본부.

해군전력분석시험평가단(2017). 『해양전략용어 해설집』. 계룡: 해군전력분석시험평가단.

2. 국내 학술논문 및 연구보고서

공방표(2020). "미래 안보환경 변화와 해군의 2+2함대 구상". 『해양전략』 186호.

구민교(2016). "미·중간이 신 해양패권 경쟁: 해상교통로를 둘러싼 점·선·면 경쟁을 중심으로". 『국제지역연구』 25권 3호.

구영민(2009). "해전에서의 해상봉쇄에 관한 연구". 『해군 군사학술용역 연구보고서』.

김대영(2014). "한중 어업질서의 진단 및 양국 어업관계 개선 방향". 『수산경영론집』 45권 3호.

김석균(2021). "중국 해경법 발효와 센카쿠 분쟁에 대한 함의". 『KIMS Periscope』 225호.

김영구(1985). "해상봉쇄에 관한 해전법규의 발전과 변모". 『대한국제법학회논총』 57호.

김예슬(2020). "남중국해 해양분쟁과 중국 해상민병대 사례연구". 숙명여자대학교 대학원 박사학위 논문.

김종하·김남철·최영찬(2021). "북한의 대남 회색지대 전략: 개념, 수단 그리고 전망". 『한국군사학논총』 10집 1권 통권 19호.

김종하·김재엽(2012). "한국 해군력 건설 평가 및 발전방향: 대양해군 논의를 중심으로". 『신아세아』 19권 3호.

김현수(2004). "군사수역에 관한 연구". 『해양전략논총』 4집.

김현승(2018). "중국의 해양안보전략 평가와 안보적 함의". 『해양전략』 179호.

김현승·황병선(2017). "제1차 세계대전기 미국 해군 대잠전 전술의 변천 연구". 『군사연구』 143집.

김흥규·최지영(2016). "사드도입 논쟁과 중국의 對韓 경제보복 가능성 검토". 『CHINA WATCHING』 14호.

김기호(2018). "일본 여당(자민당)의 새로운 방위계획대강 및 중기방위력정비계획 책정을 위한 제안(전문번역본)". 『해군발전위원회 정책보고서』.

대우조선해양·한국해사기술·자주국방네트워크(2015). "차세대 첨단함정 건조가능성 검토 결과". 『해군전력분석시험평가단 연구용역보고서』.

박명희(2020). "일본 자위대 중동파견의 주요쟁점과 시사점". 『국회입법조사처 이슈와 논점』 1712호.

박정규(2003). "한국의 해상교통로 보호에 관한 이론적 고찰". 『해양전략논총』 4집.

_____(2004). "해상봉쇄에 관한 현대적 고찰". 『해양전략논총』 5집.

박정기·이한(2006). "해상봉쇄 정책의 한국해군 적용". 『해군 군사학술용역 연구보고서』.

박진성(2018). "국가 제재수단으로서 평시 해상봉쇄의 효과성의 분석에 대한 연구". 『STRATEGY 21』 통권 44호, Vol. 21, No. 2.

박창권(2004). "해상봉쇄의 한국 해군에 적용". 『제1회 해양전략 심포지엄』.

방수일(2012). "해상봉쇄작전 교범 선행연구". 『해군군사학술용역연구보고서』.

배학영(2020). "중국 해양세력의 서해상 활동 증가와 우리의 대응방향". 『국방연구』 63권 3호.

산업은행 산업기술리서치센터(2017). "사드배치와 한중관계 악화에 따른 산업별 영향". 『Weekly KDB Report』.

서정경(2010). "동아시아 지역을 둘러싼 미중관계: 중국의 해양 대국화를 중심으로". 『국제정치논총』 50집 2호.

신인균(2013). "새로운 안보위협에 대비한 해양안보협력체계 구축방안연구". 『2013년 해군전투발전용역과제』.

안병준(2015). "공세적 현실주의의 군사적 재해석을 통한 한국형 기동함대 적기 전력화에 관한 연구". 한남대학교 대학원 박사학위 논문.

안보경영연구원(2019). "주변국 해군 핵심전력 증강추세와 한국해군의 핵심전력 발전방향". 『해군미래혁신연구단 연구용역보고서』.

_____(2020). "해상교통로 보호를 위한 해군전력 발전방안 연구". 『해군미래혁신단 연구용역보고서』.

오관치(1997). "국가안보대세제도". 『국방논집』 제37집.

양병은(1992). "해상봉쇄 전략의 현대적 가치". 『해양전략』 76호.

유주형(2017). "한국 해군의 항공모함 필요성에 대한 소고: 제2차 세계대전 시 이탈리아의 항모 무용정책을 중심으로". 『해양전략』 173호.

유현정(2021). "중국 해경법 주요내용 분석 및 시사점". 『국가안보전략연구원 이슈브리브』 245호.

윤석준(2001). "다자간 해상교통로 개념발전에 관한 연구". 『해양연구논총』 26집.

이기태(2020). "일본의 대베트남 안보협력: 소프트 안보협력". 『일본학보』 122권.

이민효(2009). "제1차 세계대전이후 주요해전에서 전쟁수역의 설정과 운용에 관한 연구". 『군사』 72호.

_____(2001a). "해상무력분쟁에 적용되는 봉쇄법의 발전과 과제". 『해양연구논총』 29집.

_____(2001b). "해상봉쇄법의 변천과 한반도에서의 적용에 관한 연구". 『국제법학회논총』 46권 1호.

이서항(2019). "중국의 해양강국 추구와 회색지대 전략: 한국에 대한 함의". 『127회 KIMS모닝포럼』.

장우애(2017). "중국내 반한 감정 확산과 영향". 『IBK경제연구소 연구보고서』.

장혜진(2021). "일본의 2021년 전반기 전략동향 분석".『국방연구원 동북아안보정세 분석』.

정광호(2017). "일본 방위전략의 공세적 변화가 한국 해군에 주는 전략적 함의: 일본 수 륙기동단 창설에 대한 분석을 중심으로".『Strategy 21』42호, Vol. 20, No. 2.

정환식(2013). "청해부대의 비용·편익분석에 대한 연구".『해양전략』157호.

조양현(2021). "기시다내각 출범과 일본 정국".『IFANSFOCUS』.

조영남(2014). "시진핑시대의 중국외교 과제와 전망".『STRATEGY 21』33호, Vol. 17, No. 2.

조은일(2019). "일본 방위계획대강의 2018년 개정배경과 주요내용".『국방논단』1742호.

최영찬(2005). "동아시아 해양분쟁 발발이 한국경제에 미치는 영향에 관한 연구: 동맹전 이 이론과 산업연관분석을 중심으로".『해양전략』128호.

_____(2020). "해상교통로가 국민경제에 미치는 영향 연구".『합동군사연구』30호.

최종건(2009). "안보학과 구성주의: 인식론적 공헌도를 중심으로".『국제정치논총』49집 2호.

하도형(2012). "중국 해양전략의 인식적 기반: 해권(海權)과 국가이익을 중심으로".『국 방연구』55권 3호.

황병무(2015). "동아시아 해양 분쟁과 미중의 대립".『코리아연구원 현안진단』275호.

해군본부(2021). "경항공모함의 작전·전략적 유용성".『충남대학교 경항공모함 세미나 자료』.

현대경제연구원(2017). "최근 한중 상호간 경제손실 점검과 대응방안".『현안과 과제』 17-10호.

3. 국외 단행본

Alford, Jonadhan ed. (1980). *Sea Power and Influence*. Hamsphire, England: Gower Publishing Company Limited.

Allen, Jr, Charles D. (1980). *The Use of Navies in Peacetime*. Washington D.C.: American Enterprise Institute for Public Policy Research.

Brecher, Michael & Jonthan Wilkenfeld, et al. (2017). *International Crisis Behavior Data Codebook*, Version 12. 23 August.

Brodie, Bernard (1942). *A Layman's Guide to Naval Strategy*. Princeton, NJ: Princeton Univ. Press.

_____ (1965). *A Guide to Naval Strategy*. New York: Prager Press.

Cable, James (1994). *Gunboat Diplomacy, 1919-1991*. London: Macmillan Press.

Corbett, Julian S. (1918). *Some Principles of Maritime Strategy*. London: Longmans, Green and Co.

Drew, Phillip Jeffrey (2012). *An Analysis of the Legality of Maritime Blockade in the Context of Twenty-First Century Humanitarian Law*. Ontario: Queen's University.

Elleman, Bruce A. & M. Paine, S. C. (2006). *Naval Blockades and Seapower: Strategies and Counter-Strategies, 1805-2005*. London and New York: Routledge.

Gibler, Douglas M. (2018a). *International Conflicts, 1816~2010, Militarized Interstate Dispute Narratives* Vol. Ⅰ. London: Rowman & Littlefield.

_____ (2018b). *International Conflicts, 1816~2010, Militarized Interstate Dispute Narratives* Vol. Ⅱ. London: Rowman & Littlefield.

Gough, Barry M. (1988). "Maritime Strategy: The Legacies of Mahan and Corbett as Philosophers of Sea Power." *RUSI Journal 133*, No. 4.

Grove, Eric (1990). *The Future of Sea Power*. London: Routlege.

_____ (1994). "The Role of Naval Power and Diplomacy in Crisis Management." *Sea Power and Korea in the 21st Century ed.* by Choon Kun Lee. Seoul: Kwangil Printing Co.

Hugill, Paul D. (1998). "The Continuing Utility of Naval Blockade in the Twenty-first Century." *Master of Military Art and Science, B.S.*, Maine Maritime Academy, Castine.

Luttwak, Edward N. (1974). *The Political Uses of Sea Power*. Baltimor, Malyland: Johns and Hopkins University Press.

Mahan, Alfred T. (1957). *The Influence of Sea Power upon History 1667-1773*. New York: Hill & Wang.

Martine, L. W. (1968). *The Sea in Modern Strategy*. New York: Fredrick a Prager Pub.

Michael Walzer (2004). *Arguing about War*. Connecticut: Yale University Press.

Swartz, Peter M. (2017). *American Naval Policy, Strategy, Plans and Operations in the Second Decade of the Twentyfirst Century*. Washington Boulevard: CNA.

Till, Geoffrey (1984). *Maritime Strtegy and The Nuclear Age*. London: Macmillan Press.

Toffler, Alvin and Heidi (1993). *War and Anti-War*. Boston: Little, Brown and Company.

US Department of Defense (2015). *Law of War Manual*. Washington D.C.

Vego, Milan (2016). *Maritime Strategy and Sea Control: Theory and Practice, Cass Naval*

Policy and History 55. London: Routledge.

4. 국외 학술논문

Abe, Shinzo (2012). "Asia's Democratic Security Diamond." *the Website of the Project Syndicate*, 27 December.

Arnott, Ralph E. & Graffney, William A. (1985). "Naval Presence Sizing the Force." *Naval War College Review*, March–April.

Arreguin-Toft, Ivan (2001). "How the Weak Win Wars: A Theory Asymmetric Conflict." *International Security*, Vol. 26, No. 1.

Barnett, Roger W. (2005). "Technology and Naval Blockade: Past Impact and Future Prospects." *Naval War College Review*, Vol. 58, No. 3, Summer.

Biggs, Adam & Xu, Dan et al. (2021). "Theories of Naval Blockades and Their Application in the Twenty First Century." *Naval War College Review*, Vol. 74, No. 1, Winter.

Frostrad, Magne (2018). "Naval Blockade." *Arctic Review on Law and Politics*, Vol. 9.

Jones, Thomas David (1983). "The International Law of Maritime Blockade – A Measure of Naval Economic Interdiction." *Howard Law Journal 26*.

Lautensehlaer, Karl (1986). "The Submarine Naval Warfare 1901–2001." *International Security*.

Morgan, T. Clifton & Bapat A. Navin & Kobayashi, Yoshiharu, (2009). "Threat and Imposition of Economic Sanctions 1971–2000." *Conflict Management and Peace Science*, Vol. 26, No. 1.

_____ (2014). "Threat and Imposition of Economic Sanctions 1945–2005: Updating the TIES Dataset." *Conflict Management and Peace Science*, Vol. 31, No. 5.

Pugh, Michael C. (1994). "Multinational Naval Cooperation," *Proceeding*, March.

Richardson, Michael (2010). "Naval Powers in Asia: Rise of Chinese Navy Changes the Balance Viewpoints." *Institute of South East Asian Studies*, 10 May.

Sample, Susan G. (1998). "Military Buildups, War, and Realpolitik: A Multivariate Model." *Journal of Conflict Resolution*, Vol. 42, No. 2.

_____ (1999). "Arms Races and Dispute Escalation: Resolving the Debate." *Journal of Peace Research*, Vol. 34, No. 1.

_____ (2002). "The Outcomes of Military Buildups: Minor States vs. Major Powers."

Journal of Peace Research, Vol. 39, No. 6.

Singer, J. Dvid (1958). "Threat-Perception and Armament Tension Dilemma." *Journal of Conflict Resolution*, Vol. 2, No. 1.

Suk Kyoon, Kim (2010). "Korean Peninsula Maritime Issues." *Ocean Development & International Law*.

Turner, Stansfield (1974). "Missions of The U.S. Navy." *Naval War College Review*, March-April.

Zumbalt Jr. Elmo R. (1983). "Blockade and Geopolitics." *Comparative Strategy*, Vol. 4.

5. 신문기사 및 인터넷 자료

곤도 다이스케. "급변하는 동북아 정세와 아베 신조의 야망: 김정은과 중국 견제 공조 꿈꾼다". 『월간중앙』, 2014년 8월호.

김기주. "한국해군은 왜 기동함대가 필요한가". 『월간조선』, 2013년 1월호.

김외현 · 이제훈. "한국경제 숨통 쥔 중국의 5가지 경제보복 수단". 『한겨레신문』, 2016년 7월 10일자.

남문희. "중국의 나진진출을 경계하라". 『시사IN』, 2011년 1월 25일자.

문근식. "U-Boat 신화, 연합국 대잠기술 앞에 무너지다". 『이코노믹리뷰』, 2014년 5월 20일자.

문병기. "한국은 중과 무덤위서 춤출지, 미 핵우산 유지할지 자문해야". 『동아일보』, 2022년 1월 1일자.

박용한. "日제국 해군 부활… 15년 은밀히 감춘 항모 야망 이뤘다". 『중앙일보』, 2021년 8월 8일자.

송학. "한 · 중 · 일 항모전쟁 시작됐다". 『신동아』, 2021년 4월호.

신동렬. "IMF 외환위기 20년, 구조개혁은 계속돼야 한다". 『한국경제』, 2017년 11월 27일자.

양낙규. "중일 해군력 심상찮다". 『아시아경제』, 2019년 2월 23일자.

양희철. "바다의 평화 없이는 한중의 진정한 평화도 없다". 『중앙일보』, 2017년 3월 29일자.

오동룡. "일본의 전 육상자위대 간부가 밝힌 독도 점령 시나리오". 『월간조선』, 2012년 10월호.

유용원. "어선이 돌변해 벌떼 공격… 서해 노린다, 중 30만 해상민병". 『조선일보』, 2020년 11월 15일자.

이길성. "中, '판결무효', 美, '국제법 결론 따라라'… 남중국해 더 큰 격랑". 『조선일보』, 2016년 7월 13일자.

이민석. "中. 서해바다, 동해하늘 출몰… 美. 보란 듯 노골적인 힘자랑". 『조선일보』, 2018년 3월 2일자.

이준범. "미국 트럼프 행정부의 에너지 지배 구상". 『한국석유공사 주간 석유뉴스』, 2019년 11월 20일자.

이재영. "중, 남중국해서 비정규 해양민병대 리틀 블루맨 운용". 『연합뉴스』, 2021년 4월 13일자.

차상균. "2차대전 승리 이끈 미 과학 영웅 부시, 실리콘밸리 씨 뿌려". 『중앙선데이』, 2021년 2월 6일자.

최지웅. "솔레이마니 이후 미국과 이란의 관계와 석유시장". 『한국석유공사 주간 석유뉴스』, 2020년 2월 19일자.

https://correlatesofwar.org/data-sets/MIDs

https://namu.wiki

https://sites.psu.edu

https://sites.duke.edu

https://sites.psu.edu/midproject/의 "Incident Coding Manual."

https://stat.kita/stat/port/portimpExpList.screen

https://unipass.customs.go.kr/ets/index.do

https://www.correlatesofwar.org/의 "Code book for the Militarized Interstate Dispute Data, Ver.4.0." December 13, 2013.

http://www.dapa.go.kr

https://www.moef.go.kr

https://www.paulhensel.org

최영찬 崔英燦

해군사관학교 졸업(국제관계학 학사)
해군대학 정규과정 졸업
국방대학교 졸업(군사전략 석사)
합동군사대학교 합동고급 정규과정 졸업
한남대학교 대학원 졸업(국제정치학 박사)
해군본부 정책부서 담당, 해군작전사령부 지휘관·참모 역임
국방부 군사보좌관실 지휘관리담당/국방정책관리담당 역임
국가안보실 위기관리비서관실 위기관리기획담당 역임
現, 합동군사대학교 전략학교관

저서 및 논문
『미래의 전쟁 기초지식 핸드북』(2021, 초판)
『미래의 전쟁 핸드북 2022』(2022, 증보판)
『미래전과 동북아 군사전략』(2022)
『새로운 영역에서의 전쟁수행, 인지전』(역서, 2022)
「중국의 경제적 강압이 한국안보에 미치는 영향」(2022)
「미래분쟁과 뉴미디어: 분쟁영역의 확장, 물리영역에서 인지영역으로의 진화,
　　그리고 두 영역의 승수」(2022)
「북한의 대남 회색지대 전략: 개념, 수단 그리고 전망」(2021)
「전쟁수행 시 지휘관 지휘결심 타당성 평가와 함의」(2021)
「해상교통로가 국민경제에 미치는 영향」(2020) 등 다수